Beauty COLOR Theory

머리말

현대사회는 첫인상의 느낌이 그 사람을 판단하고 기준이 되는 스피드 시대이다.

흔히 합리적인 이성의 판단으로 행동이 결정된다고 여기지만 실제 우리 인간은 감성적으로 접근하여 자신과 행동을 결정하는 일이 많다. 즉, 자신의 얼굴, 헤어스타일, 패션 등 남에게 보여지는 외모를 잘 연출하는 이른바 이미지 메이킹이 절실히 요구되는 시대에 살고 있다. 이런 이미지 관리의 중요한 부분인 개인이 가지고 있는 신체 색을 분석하고 그에 어울리는 퍼스널 칼라를 선택하여 메이크업, 의상, 헤어스타일 연출 등으로 개인의 개성과 능력을 돋보이게 함으로써 성공적인 사회생활과 자기성취에 도움을 줄 것이다.

이 책은 색채의 기본을 익히고 활용할 수 있는 색채지식을 습득하여 나아가 개인에게 어울릴 수 있는 색채 진단까지 활용 가능한 것을 목표로 계획되었다.

'등고자비(登高自卑)'란 말처럼 한 땀, 한 땀 정성껏 색채에 대한 기초를 다진다면 미학의 최정상으로 갈 수 있지 않을까? 아무쪼록 이 책이 독자들에게 하나의 징검다리요 가교가 되었으면 한다.

이 책의 구성은 색채의 지각과 색의 체계 및 전달방법, 색채 심리와 지각, 배색과 색채 조화론, 색채계과 실용색채, 퍼스널 칼라와 칼라진단으로 구성되어 있기 때문에 메이크업, 헤어를 공부하는 미용인, 그리고 관심을 가지고 있는 일반들에게 많은 도움이 될 줄로 안다. 저자 나름대로 최선을 다했지만 미흡한 부분이 있으리라 생각되며 그에 대한 조언과 격려를 기꺼이 받아들이고 다음번 개정 때 충실하게 반영할 것을 약속드린다.

이 책이 나오기까지 애써 주신 이상태 사장님과 편집부 여러분들에게 깊은 감사를 드리며, 또한 사랑으로 우리를 지켜주시는 하나님에게 이 책을 바친다.

2009년 2월

저자일동

CONTENTS

1장 색의 지각

2장 색의 체계 및 전달방법

3장 색 혼합과 조색

4장 색채 심리와 지각

8장 퍼스널 칼라

1 색의 지각

1. 빛
2. 태양광선
3. 스펙트럼
4. 가시광선, 굴절률
5. 파장, UV
6. 물체색
7. 표면색과 투과색
8. 반사, 흡수, 투과
9. 자연광, 인공광
10. 조명
11. 조건등색
12.색온도
13. 색과 눈
14. 눈의 구조
15. 간상체와 추상제
16. 색각이상
17.빛의 표준
18.물체의 표준
19. 눈의 표준

1. 빛(光)

빛(光)은 물리적인 에너지의 일종이다.

2. 태양광선

빛은 지구로부터 1억 4950만km 떨어진 태양으로부터 발사되어진 에너지로 전자파의 일부이다. 매초 30만km의 속력으로 태양으로 부터 약 8.3분, 달로 부터 1.3초로 지구에 도착한다.

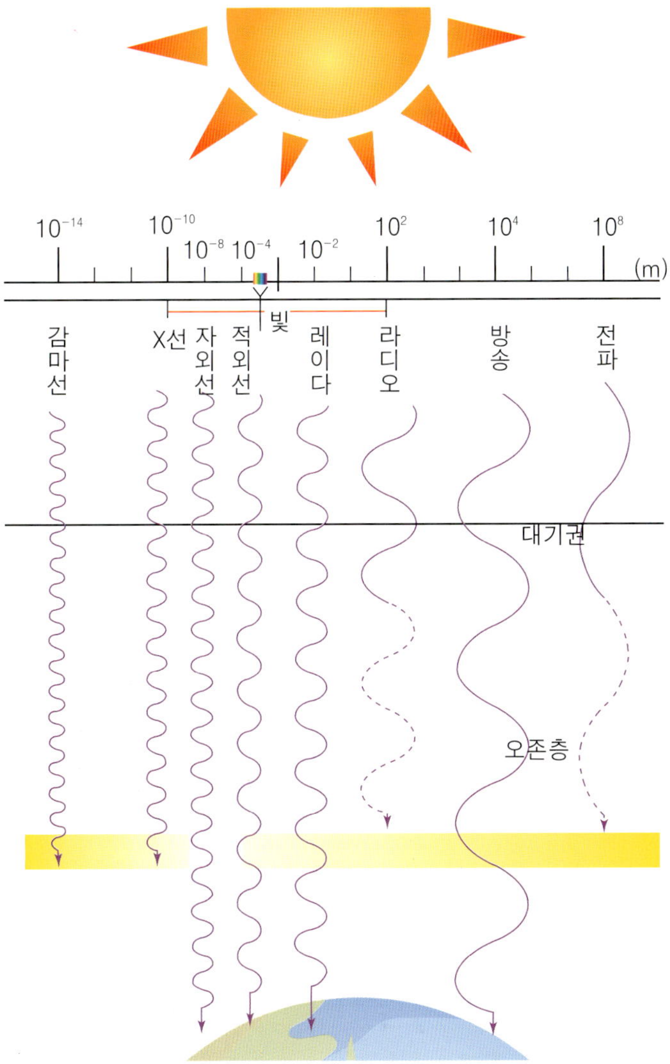

전자파와 스펙트럼

Check

색이 보이기 위해 필요한 3조건은?

빛(光), 물체(物), 눈(目)이 필요하며, 이를 색지각의 3요소라고 한다. 이중 한개라고 부족하면 우리는 색을 볼 수 없다.

3. 스펙트럼

파장 중에 어떠한 색이 존재하는가를 최초로 관찰한 사람은 17세기 영국의 물리학자였던 이삭 뉴톤(Isaac Newton 1642~1727)이다.

뉴톤은 광학적인 실험 결과, 빛이란 파장이 다른 빛(전자파)의 집합이라는 것을 발견하였다. 이것은 다시 말해 빛에는 빨강, 주황, 노랑, 초록, 파랑, 남, 보라인 7가지 색의 빛(색광)이 포함되어 있다는 것이다. 스펙트럼의 색광 모두를 볼록렌즈로 모이게 하는 실험을 하여 그 결과 모든 색광을 모으면 원래의 빛(백색광)이 된다는 것도 명확히 밝혔으며, 음악의 옥타프(도레미파솔라시)와도 관계를 갖고 있다. 그리고 7색의 기본색은 아리스토텔레스(Aristoteles, BC 384~322)의 백, 황, 적, 녹, 청, 자, 흑에도 보여진다. 칸딘스키(1866~1944)의 컬러 스켐(Color scheme)은 아리스토텔레스의 영향이다.

4. 가시광선, 굴절률

1) 가시광선이란?

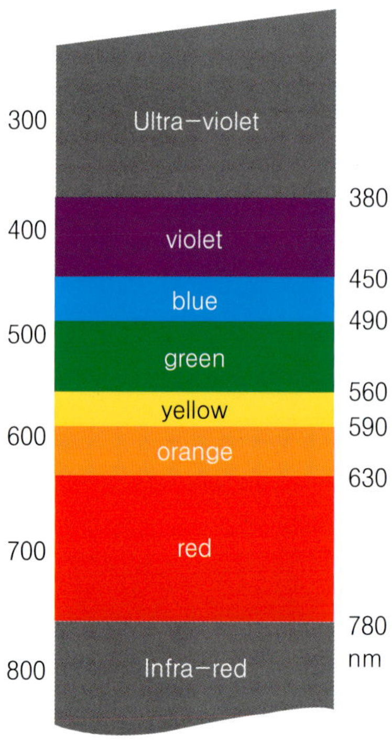

가시광선

우리들이 보통 빛이라고 부르는 것은 반사되는 수많은 전자파 중에서 눈으로 지각할 수 있는 것에 대한 명칭이다. 일상적인 광원은 여러가지 파장의 빛이 포함되어 있어 백색으로 보인다.

이것을 가시광선(visible light)이라고 하며, 약 380nm에서 780nm까지의 범위를 말한다. 그리고 380nm보다 짧은 파장(단파장)의 영역이 자외선(ultraviolet), 780nm보다 긴 파장(장파장)의 영역이 적외선(infrared), 전파 등이다.

태양광은 프리즘을 통과하면 「분광」하여 단일파장만을 포함한 「단색광」이 된다. 이 단색광은 파장따라 각각 다른 색을 가지고 있다. 그리고 이것은 빛의 굴절 정도가 파장마다 다르기 때문에 생기는 현상으로 단파장은 굴절율이 크며 눈에는 남색으로 보이고, 장파장은 굴절정도가 작으므로 빨강색으로 보인다.

그 뒤 JC 맥스웰(James Clerk Maxwell, 1831~1879)은 적색, 초록색, 청색의 3색의 필터(RGB)를 스크린에 투시하여 백색을 만드는 가색혼합을 발표하였다. 색채란 화가의 팔레트에서만 혼합되는 것이 아니라 눈에 의해서도 혼합될 수 있는 2색 회전판에 의한 혼색 (회전혼합)도 증명하였다.

5. 파장, UV

파장의 단위는 nm(나노미터 : 10^{-9}m)를 사용한다. 인간이 색을 느끼는 범위는 사람에 따라 다소 차이가 있으나, 대체로 380~780nm이다. 단색광인 경우 700~610nm는 빨강, 610~590nm는 주황, 590~570nm는 노랑, 570~500nm는 초록, 500~450nm는 파랑, 450~400nm는 보라로 보인다. 빨강보다 파장이 긴 빛을 적외선, 보라보다 파장이 짧은 빛을 자외선이라고 한다. 대기를 통해서 지상에 도달하는 태양복사의 광량은 가시광선 영역이 가장 많다. 사람의 눈의 감도(感度)가 이 부분에서 가장 높은 것은 그 때문이라고 볼 수 있다.

UV(Ultra Violet) 적외선은 태양광 중에서 약 1% 포함되어 있다고 하며, 오존층의 파괴가 진전되어 피부암이나 백내장의 원인을 이르키거나 머리카락 손상에도 영향을 미친다. 적외선에는 A파(320~400nm), B파(290~ 320nm), C파(280nm 이하)가 있으며, A파는 얼굴에 기미, 검버섯을 깊게 하고, 노화를 촉진시킨다. B파는 피부를 검게 하는 썬탠 역활을 하며, C파는 오존층에 흡수되어 지면에는 도달하지 않는다.

6. 물체색

- 광원색 : 광원으로 나오는 빛의 색
- 물체색 : 빛을 반사 또는 투과하는 물체색
- 투과색 : 빛을 투과하는 것으로 인해 보여지는 색
- 표면색 : 물체 표면의 반사에 의해 보여지는 색

7. 표면색과 투과색

독일의 심리학자 데이비스 카츠(David Katz, 1884~1953)는 색의 나타나는 방법을 9종류로 분류하였으며, 그 중 표면색과 면색은 특히 중요한 색의 나타내는 방법이다.

1) 색의 나타나는 방법

면색(평면색), 투명면색, 광택, 투명표면색, 조명색, 표면색, 공간색, 경영색(鏡映色), 작열(灼熱)의 9가지 방법이 있다.

- **표면색**

  색지과 책 표지, 과일 등 평상시 불투명한 물체 표면의 색을 말한다.

- **면색**

  평면색이라고도 하며 공간감, 질감, 명암을 전혀 느낄 수 없는 색을 말한다.
  예를 들어 작은 구멍을 통해 보여진 색과 초원에서 하늘을 향해 누워 파란 하늘을 보았을 때 우리에게 보이는 것은 파란 하늘 뿐이다. 이러한 상황에서 하늘을 향해 손을 올리면 손이 파란 하늘에 빠질 것 같은 감각을 느끼게 될 것이다 .

- **투과색**

  반투명한 물체를 빛으로 투과하여 보았을 때의 색을 말한다.
  예를 들어 헤어 컬러의 컬러 체크를 위해 빛을 비추면서 발색을 확인할 때의 색도 투과색이라고 할 수 있다.

- **공간색**

  유리나 물의 색등 일정한 부피가 쌓였을 때 형성되는 색을 말한다.

- **경영색**

  거울과 같이 불투명한 물질과 광택면에 나타나는 색을 경영색이라고 한다.
  거울처럼 비춰서 보여지는 색으로 좌우가 바뀌어 보이며, 경영색은 거울면에서의 물체감만 크게 의식하지 않는다면 사물의 고유색과 거의 같게 지각된다.

8. 반사, 흡수, 투과

우리들은 물체 자체에 색이 있는 것처럼 생각하지만, 사실 여러가지 파장을 포함한 빛을 비출 때, 물체가 어떤 파장을 얼만큼 흡수, 반사, 투과를 했는지에 따라 색이 결정된다. 물체에 도착한 빛은 반사, 흡수, 투과 중 어느 하나의 현상이 꼭 일어난다.

1) 반사

반사에는 두가지가 있는데 표면에 굴곡이 없는 균일한 면에서 일어나는 정반사(경면반사) 와 굴곡이 있는 불균일한 면에서 일어나는 확산반사(난반사)로 나누어 진다.

정반사는 한쪽방향으로 빛이 들어오는 것으로 입사각과 반사각이 같으며, 우리가 알고 있는 거울의 반짝 반짝 빛나는 것이 정반사이고, 난반사는 반사광이 여러 방향으로 향하는 것을 말한다.

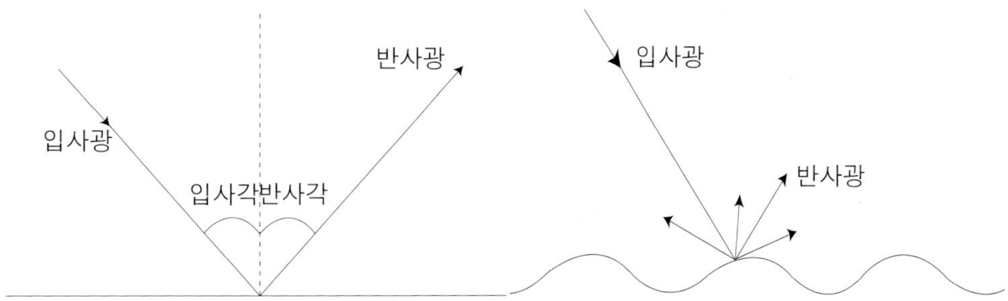

정반사 난반사

2) 흡수

흡수란 어떤 물체에 빛을 비추어 그 일부의 파장 에너지가 없어지는 것이다.

남은 파장이 반사되어 우리들의 눈에 들어와 그 물체의 색으로 느끼며, 그 색을 바로 물체색라고 말한다.

3) 투과

백색광이 물체에 반사(투과)할 때 보이는 색을 투과색이라고 말하며 반사광과 투과광의 비율에 색이 결정된다. 물체를 통과할 때 흡수되어지지 않고 통과한 빛을 그 물체의 색으로 느낀다.

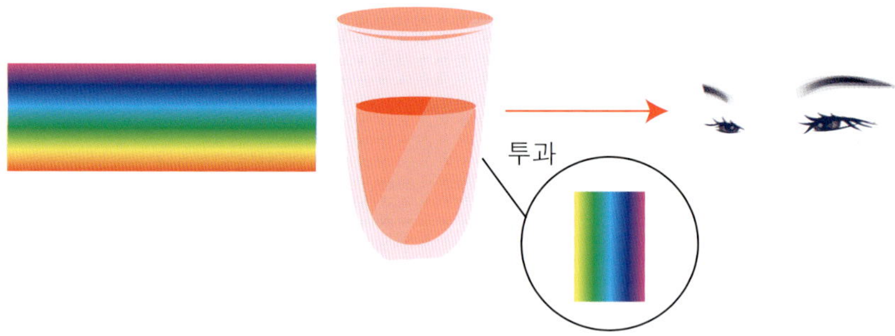

9. 자연광, 인공광

눈에 빛이 들어오지 않는 상황은 눈을 감고 있거나 빛이 없는 깜깜한 어둠속에 있을 때이다. 인간은 암흑을 극복하기 위해서 빛을 원했으며, 석재의 석등(B.C 300), 촛불(1853)을 이용해 불을 밝혀왔고, 1879년 에디슨에 의해 최초의 전구가 발명되었다.

빛에는 자연광과 인공광으로 나누어지는데 말 그대로 자연광원은 자연의 태양빛을 말하고 인공광원은 인공적으로 만든 빛을 말한다. 인공광원에는 그 발광 방법에 의해 분류되어지는데 열방사와 방전으로 분류된다.

열광원으로는 백열전구, 할로겐 등이 사용된다. 백열전구는 효율이 낮으나 장파장의 빛이 주로 방출되어 따뜻한 느낌을 준다.

방전 종류로는 형광등, 수은램프, 메탈할라이드이며, 특히 메탈할라이등은 연색성이 높아 빌딩내부에서도 사용된다.

자연광(왼쪽)
전구(오른쪽)

10. 조명

1) 조명기구의 역할

미용 색채에서 조명은 굉장히 중요하다. 헤어숍이나 패션숍 등에서 조명기구는 고객의 구매 의욕을 높히는 부분에도 큰 역할을 한다.

형광등에는 색온도에 의해 5종류가 있다. L(전구색), WW(온백색), W(백색), N(백색), D(광색)으로, 형광등 중에서 3파장형 형광 램프는 450nm(청), 540nm(녹), 610 nm(적)근처의 3개의 파장 근처에서 발광에너지가 집중한 분광특성을 가지고 있어 헤어컬러의 색을 보다 선명하게 표현해주며, 고객이 원하는 색을 효과적으로 나타내준다.

11. 조건등색

2개의 물체가 태양광원에서는 같은 색으로 보이더니, 실내에 들어가 인공광원에서 다른 색으로 보이는 경우가 있다. 그것은 2개의 물체색의 분광분포가 처음부터 다르기 때문에 일어나는 현상이다. 어떤 조명 조건에 같은 색으로 보이는 현상을 조건등색이라고 한다.

조건등색은 안료, 착료가 다르면 일어나기 쉽다.

조건등색의 관념도

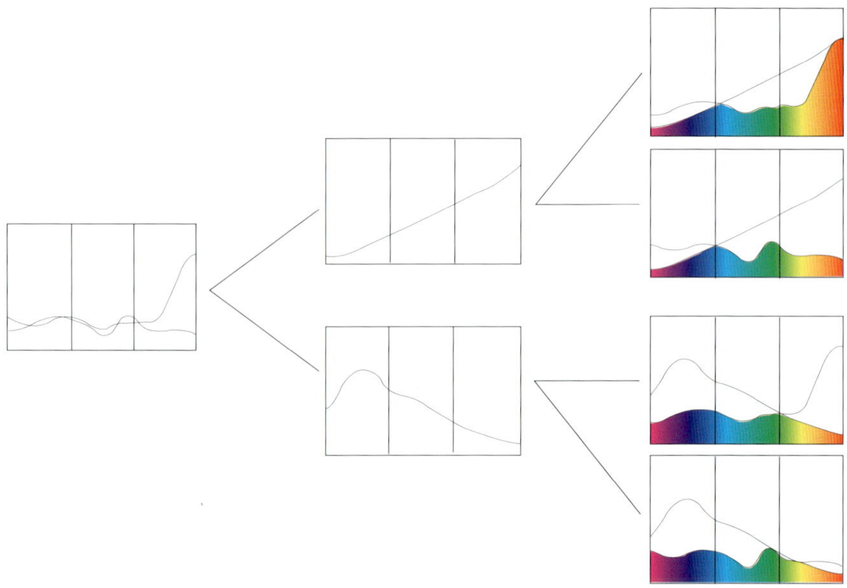

12. 색온도(K켈빈)

성냥불의 색, 촛불의 색, 가스불의 색 등 타고 있는 불을 보고 있으면 각각 다른 색을 가지고 있다는 것을 알게 될 것이다. 빛의 색은 빛을 발하는 물체의 색온도(color Temperature)에 따라 다르다. 온도가 낮은 경우 분광분포는 장파장의 성분이 많으며, 붉은 빛이 도는 빛이 된다. 그리고 온도가 높은 경우 분광분포는 단파장의 성분이 많아 푸른 빛의 빛이 돌게 된다. 온도라고 하는 것은 보통 섭씨(℃)라고 생각하지만 물리학에서는 절대온도를 사용한다. 물체는 온도가 높아지면 운동이 심해진다. 섭씨 -273.15도가 되면 분자의 운동이 멈춘다. 그 때 색온도를(K켈빈)이라는 단위로 나타낸다(-273.15℃)=0K).

촛불의 색온도 1920 K, 백열전구 2800 K, 표준적인 주광의 색온도는 5000 K 이다.

보통 일반적으로 판매되고 있는 실내조명은 램프의 색온도 차이에 의해 5가지로 나누어 지는데 L(전구색), WW(온백색), W(백색), N(주백색), D(주광색)이며, 이 표시에 따라 목적에 맞는 조명 연출이 필요하다. 예를 들어 고객이 한곳에 머물러 있지 않는 경우, 특히 고객의 움직임이 많은 미용실 경우나 의상과 함께 고객의 이미지를 선택하여 주는 웨딩샵 및 이미지 컨설팅 살롱의 경우 조명에 의해 같은 컬러임에도 불구하고 다르게 보이는 경우가 있으므로 컬러를 결정하는 전문가 뿐 아니라 고객에도 기본적인 조명색의 어드바이스가 필요하다

13. 색과 눈

색채지각은 물리적인 에너지가 신경정보로 변환되어야 비로소 가능한데 이러한 기능을 하는 인간의 감각기관이 바로 눈이다. 눈은 빛의 자극을 받아 시신경계의 흥분을 대뇌에 전달하는 신체기관으로 인간이 색을 구분하는 데 가장 중요한 곳이다. 이에 눈의 구조와 명칭에 대해 이해할 필요가 있다.

14. 눈의 구조

눈은 사람의 감각기관 중 광선을 감수(感受)하는 시각기(視覺器)로서, 구성은 안구(Eyeball)와 시신경(Optic nerve) 그리고 안구부속기(Accessory organs of eye)로 되어 있다. 안구는 안구외막, 중막, 내막의 세층의 안구벽과 그 안의 내용물로 구성되어 있는데, 그 중 안구외막은 섬유층으로서 각막(Cornea)과 공막(Sclera)으로 되어 있고, 중막은 혈관층으로서 모양체(Ciliary), 홍채(Iris) 및 맥락막(Choroidea)으로 되어 있으며, 내막은 신경층으로서 망막(Retina)에 해당한다. 또 안구부속기에는 안근, 안검, 결막, 누기(淚器) 등이 있다.

공막은 튼튼한 탄력섬유로 되어 있어 눈알의 모양을 갖추게 하며 각막은 투명체이다. 결합조직섬유의 배열이 정렬되어 있으며, 일정한 굴절률(1.376)을 갖고, 이 각막 속에는 전방수가 채워져 있으며, 그 안에 홍채가 있고, 홍채 중앙에는 동공이 존재한다. 홍채에는 동공을 오므리고 펴게 하는 괄약근과 산대근이 있어서 광선량이나 초점, 감정 등에 따라 동공을 축소 확대하는데 이것은 교감신경과 부교감신경에 의해 지배된다. 홍채의 안쪽에는 투명한 교원섬유로 된 수정체(Lens)가 있어서 모양체근의 수축과 이완에 의해 두꺼워졌다 얇아졌다 하면서 초점을 조절한다.

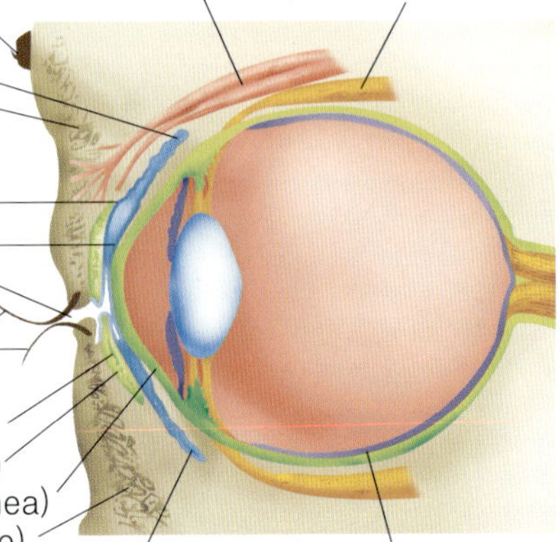

안구의 부속기(시상단면)

Check

카메라와 눈의 비교

카메라	눈
렌즈 뚜껑 렌즈 조리개 필름	눈꺼플 수정체 홍채 망막

15. 간상체와 추상체

카메라의 필름에 해당되는 망막에는 시세포가 있는데 빛의 자극을 받아 변화를 일으켜 대뇌피질에 전하여 시각이 된다. 시세포에는 그 형태와 역할에 따라 간상체(rod)와 추상체(cone)로 분류된다. 간상체와 추상체는 둘 다 빛에너지를 전기에너지로 변환시키는 일을 하지만 각각 다른 역할을 한다. 600만개의 추상체와 1억 2천만개의 간상체가 있으며, 간상체는 추상체에 비해 해상도가 떨어지나 빛에는 더 민감하여 어두운곳에서는 주로 활동하고, 추상체는 간상체보다 광량이 풍부한 경우에 활동하며 해상도가 뛰어나 색채감각을 일으키는 역할을 한다.

16. 색각이상

색각이상에는 색상의 색 분별이 힘든 색각특성을 말하며, 선천성과 후천성이 있다.

선천적인 경우에는 장애의 원인이 눈이나 뇌에서 기인되는 경우로 나눈다. 적색 또는 초록색의 구별이 힘든 경우가 가장 많으며, 선천성의 경우 약 0.2~0.5%의 사람이 이런 색각이상을 가지고 있다. 그러나 색각이상은 사람에 따라 색이 보여지는 것이 다르므로, 그 정도는 사람에 따라 다르다. 구별하기 어려운 색의 조합을 연습하거나 명도차를 주고, 디자인을 다르게 함에 따라 잘 보이게 할 수 있도록 한다. 또한 연령이 높을수록 눈의 노화에 의한 식별능력이 저하되기 때문에 고령사회에 있어서 배려를 해야 하는 부분이라고 할 수 있다.

최근 일본의 경우 유니버설 컬러 디자인 협회가 일본 동경내 지하철 라인선을 색각이상자를 위한 인쇄물을 만들어 배포했다.

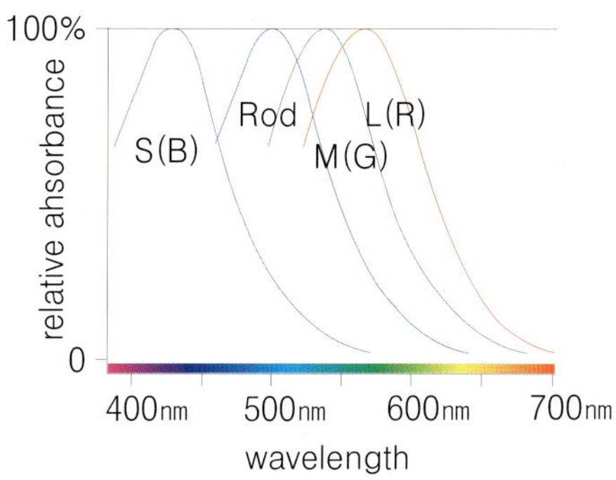

표 1-2 색각이상의 분류

색각의 형	제1색각이상 (빨간색의 이상)	제2색각이상 (초록색의 이상)	제3색각이상 (파란색의 이상)
1. 색형색각	전색맹		
2. 색형색각 (색맹)		제2색맹	제3색맹
이상색형색각 (색약)		제2색약(녹색약)	제3색약(청색약)
3. 색형색각	(청색색각)		

17. 빛의 표준 = 표준 일루미넌트

색을 보기 위해서는 빛과 물체와 눈의 3가지 조건이 필요하다. 그렇다면 어떤 빛에서 어떤 물체를 어떤 눈으로 보아야 잘 보았다고 할 수 있을까? 우리는 그것에 대한 기준이 필요하다는 것을 알 수 있다. 표준을 정하게 되면 색을 숫자로 나타낼 수 있고, 색을 관리하는데 도움이 된다.

빛은 표준 일루미넌트, 물체는 표준 백색면, 눈은 등색 함수로 각각의 기준이 표준이 된다. 물체를 보기 위한 빛을 표준 일루미넌트라고 하는데 상대분광분포가 규정한 방사를 나타낼 뿐 실제광원은 아니므로 측색용 표준일루미넌트라고 한다.

표준 일루미넌트에서 표준 일루미넌트 D65은 평균이다.

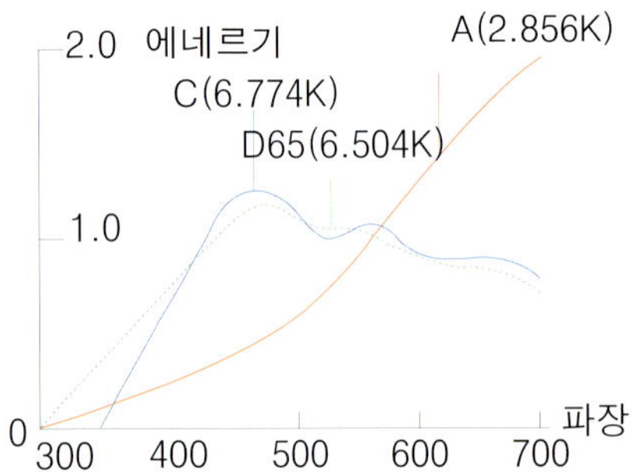

1) CIE 자연 낮의 빛

자연 낮의 빛의 분광분포에는 시간, 계절 등에 의해 변화하고 그 광색도 여러 가지이나 CIE(Commission Internationale de Ieclairage 국제조명위원회 : 본부 오스트리아)는 론체스터(Rochester, 미국), 엔필드(Enfield, 영국), 오타와(Ottawa, 캐나다)에서 측정한 622개의 테이터에 의한 자연광의 분광분포에 의해 나온 결과를 CIE 낮의 빛으로 정하고 있다.

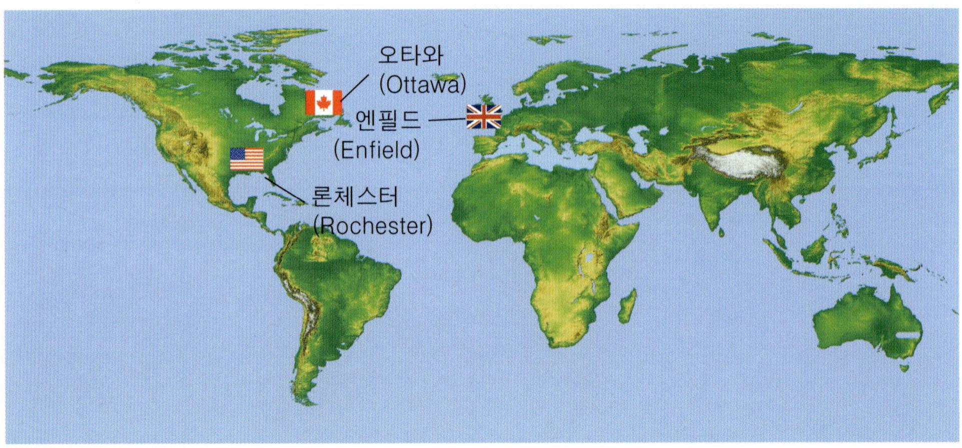

18. 물체의 표준 = 표준백색면

Check

※ 헤어디자이너를 위한 어드바이스

멋진 흰색 머리컬이나 무게가 있는 검은 머리컬로 표현하고 싶다면, 푸른 빛을 돌게 하는 것이 좋다. 예를 들어 검은색 머리카락을 표현하고 싶을 경우 블루 블랙의 컬러 착색제를 사용하거나 실버의 머리카락을 표현하고 싶을 경우 아슈(청색계통)을 사용하면 더욱 창백하고 맑은 색을 만들어 낼 수 있다.

물체색은 표면색과 투과색으로 나누어져 있으나 흰색이라고 하더라도 완전한 흰색이라기 보다 약간의 노란빛을 가지고 있다. 흰색 머리카락도 브리치를 해서 흰색머리에 가깝게 하더라고 완전 흰색이 되기는 어렵다. 약간의 노란빛을 띄게 된다는 것이다. 색의 표준을 생각할때 반사율 100%의 완전확산반사면에 대해 어느 정도 반사 흡수하여 눈에 빛의 자극을 주었느냐에 따라 달라진다. 그래서 이상적인 특징을 가진 표준 백색판은 황산바륨(반사율 98%)의 분말로 형성한 압착면을 백색면이라고 하는데 너무나 취급하기 힘들어서 일상적으로 사용하기에는 비트로라이트유리나 세라믹크판(반사율 90%) 등을 표준백색면으로 사용한다.

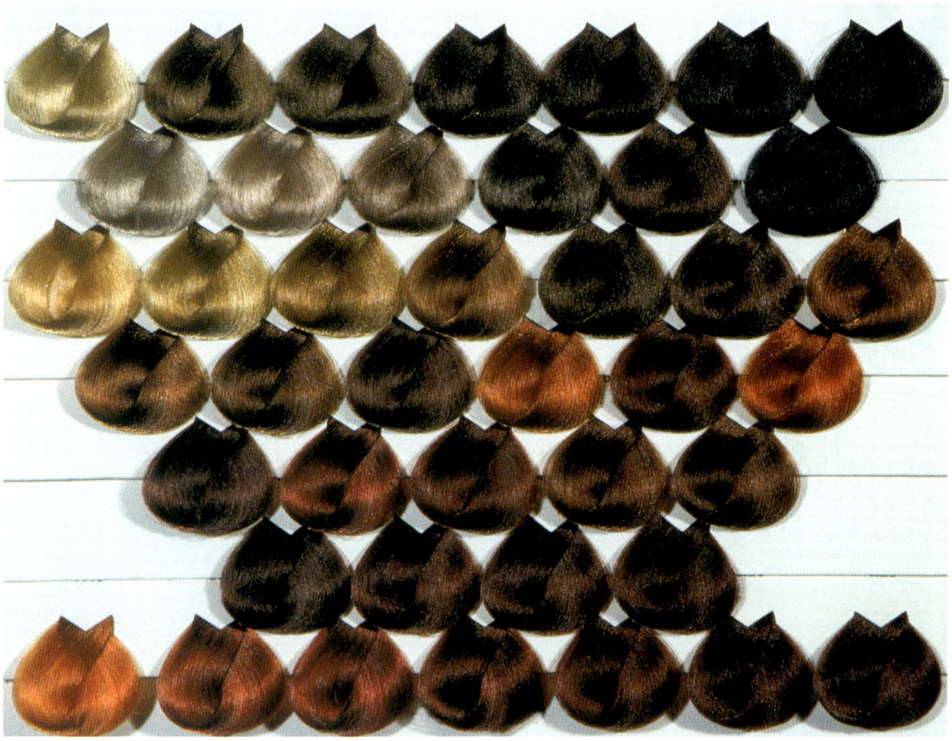

19. 눈의 표준 = 등색함수

내가 느끼고 보이는 색이 다른 사람에게도 같은 색으로 보이는지 대해 자신감이 없다.

인간의 눈은 애매하며 기준을 정하기에는 부정확하지만, 색을 관리하는데 있어 눈에도 기준이 필요하다. 등색함수란 육안으로 관찰했을 때의 색과 원색을 혼합하여 만든 혼합색이 동일한 색으로 보이는 등색을 이루는 경우 원색의 혼합비율을 나타내는 수치함수를 뜻한다. 이 방식은 빛의 특성과 눈의 특성을 색 측정의 기준에 따라 표준화한 것이다.

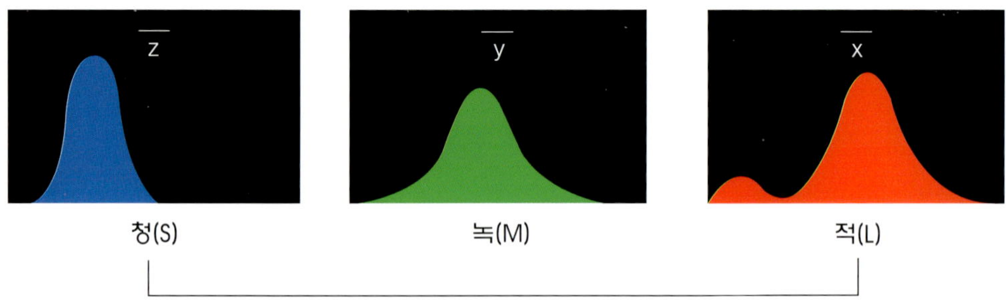

R · G · B에 반응하는 눈

2 색의 체계 및 전달방법

1. 색상(Hue)

우리가 사물을 구분할 때 가장 먼저 빨강, 노랑, 초록, 파랑 등 색의 차이에 주목하여 분류한다. 이와 같은 속성을 색상이라고 하며, 각각 다른 파장들의 가시광선들이 물체의 표면에 반사, 분해, 투과, 굴절, 흡수하여 보여지는 것으로 색상은 무채색을 제외한 것으로 색을 구별할 때 대부분 사용된다 .

※ 색의 정의

색이란 직접광(광선)과 물체를 통과하던지 반사한 빛이 눈안의 망막(시신경)을 자극하여 그 자극이 생화학적 전기신호로 변경시켜 뇌에 전달되어 일어나는 감각의 일종이다.

※ 색의 삼속성이란

색을 구별하는 기본 성질의 3가지 요소를 색상, 명도, 채도라고 하며 이것을 색의 3속성이라고 한다.

색은 크게 유채색(Chromatic color)과 무채색(Achromaticcolor)의 두 종류로 분류된다.

- 유채색(색상, 명도, 채도) : 적색, 황색, 녹색, 청색, 보라색과 같이 색이 있는 색
- 무채색(명도만 존재) : 흰색, 회색, 검정색과 같이 색이 없는 색

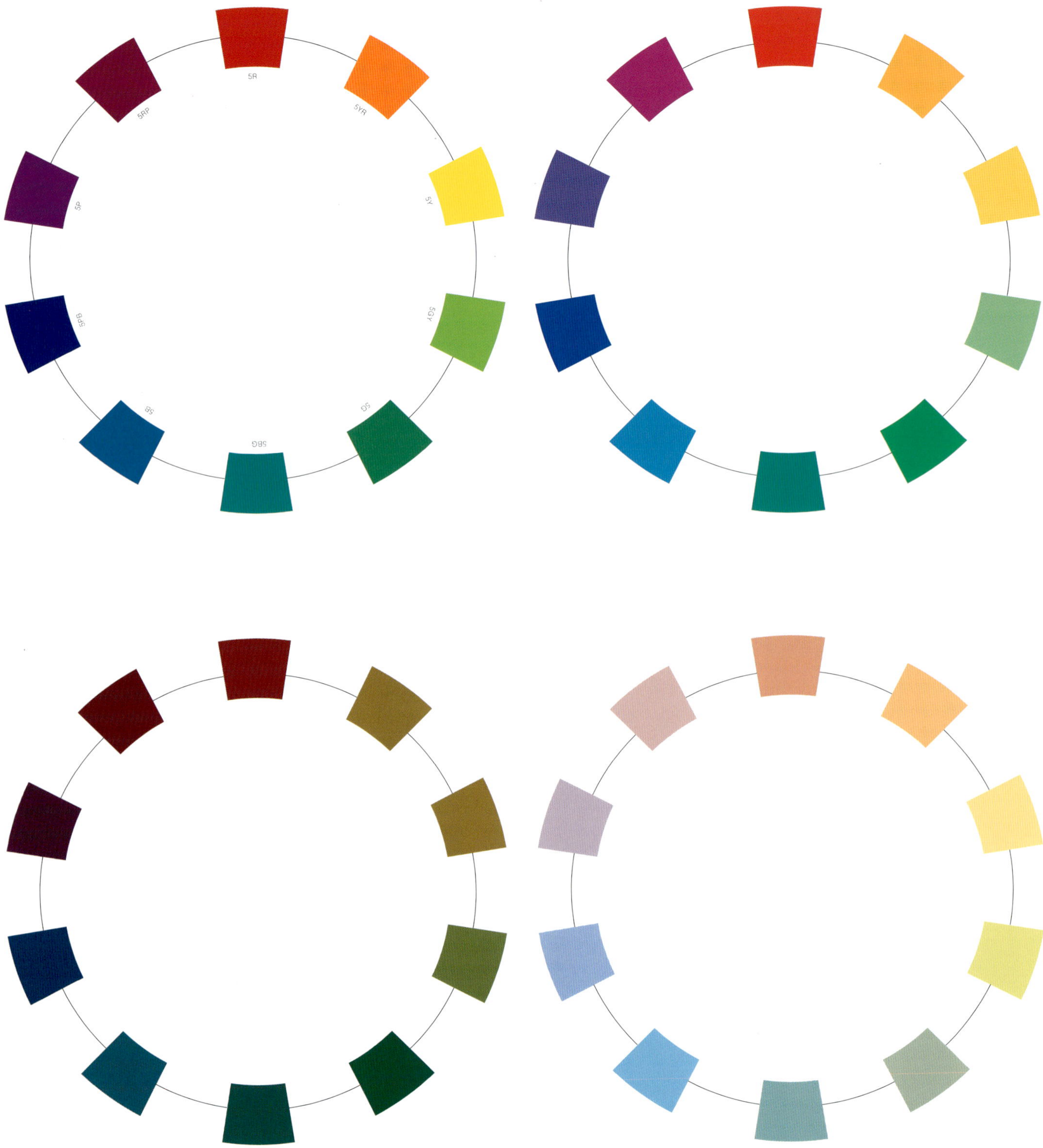
5R
5YR
5Y
5GY
5G
5BG
5B
5PB
5P
5RP

2. 명도(Value)란

어떠한 색상이든 색에는 밝은 색, 어두운 색이 있다. 이렇게 색을 밝기로 나타낼 수 있는데 이 밝기의 정도를 명도라고 한다. 밝은 색은 물리적으로 빛을 많이 반사하는 흰색으로 모든 색 가운데 가장 높은 명도의 색이다. 흰색과 검정색은 명도만 지니고 있으며, 색상이 없으므로 무채색이라고 한다.

10단계명도
그라데이션

3. 채도(Chroma)란

색에는 선명한 느낌과 흐릿한 느낌의 색이 있다. 채도란 어느 정도 선명하게 느껴지는 지를 판단하는 시지각 속성으로 색의 선명함 정도를 말한다.

색상이 결여된 채도가 없는 색을 무채색이라하며, 그 외 색상을 가진 색을 유채색이라 한다. 유채색 중에서 가장 채도가 높은 색을 순색이라고 한다.

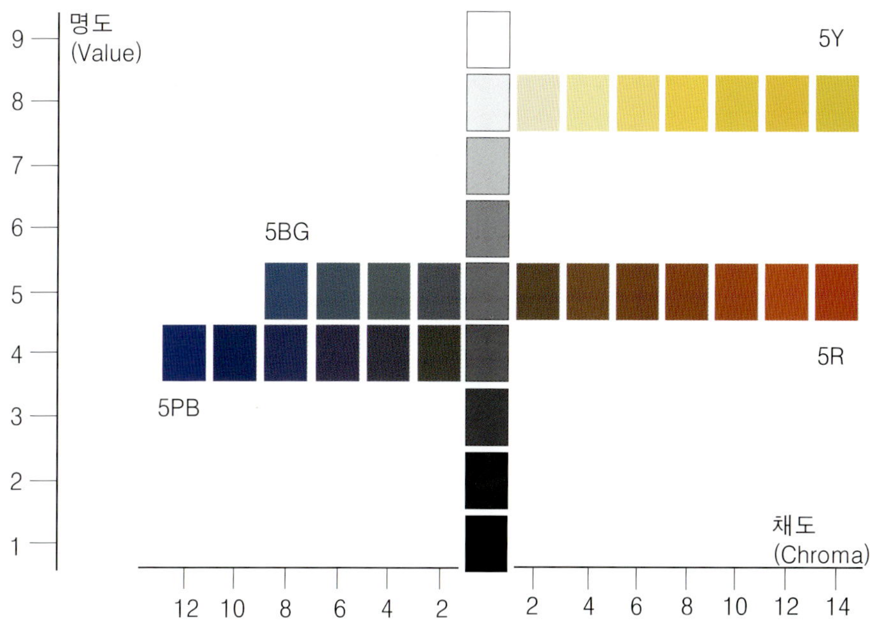

4. 색조(톤, Tone)

톤이란 색의 명암 및 농담, 강약 등의 상태를 가르키는 명도와 채도의 복합 개념이다. 톤이라는 용어는 음악용어에서 유래되었으며 일본의 PCCS시스템에서 처음으로 소개되었다. 색채학습과 자동배색, 프레젠테이션 등에 많이 이용할 수 있으며, 형용사로 표기하기 때문에 색을 생각해 내기 쉽고 색명을 표시하기 쉬우나 등색상면의 분할 방법과 톤의 표기 방법은 규격이 통일되어 있지 않으며, 형용사의 범위가 애매하기 때문에 색의 상세한 분류에는 적합하지 않는 부분이 있다.

우리나라 산업자원부 산업기술개발 사업의 일환으로 개발한 것으로 Hue & Tone 120 색체계(colors 120 색종이)에서는 우리나라 사람들이 일반적으로 느끼는 색채 이미지에 준하여 고안된 것으로 색조는 11개로 분류한다.

선명한(Vivid), 강한(Strong), 밝은(Bright), 맑은(Pale), 연한(Very pale), 흐린한(Light grayish), 은은한(Light), 탁한(Grayish), 차분한(Dull), 진한(Deep), 어두운(Dark)으로 나누어 진다.

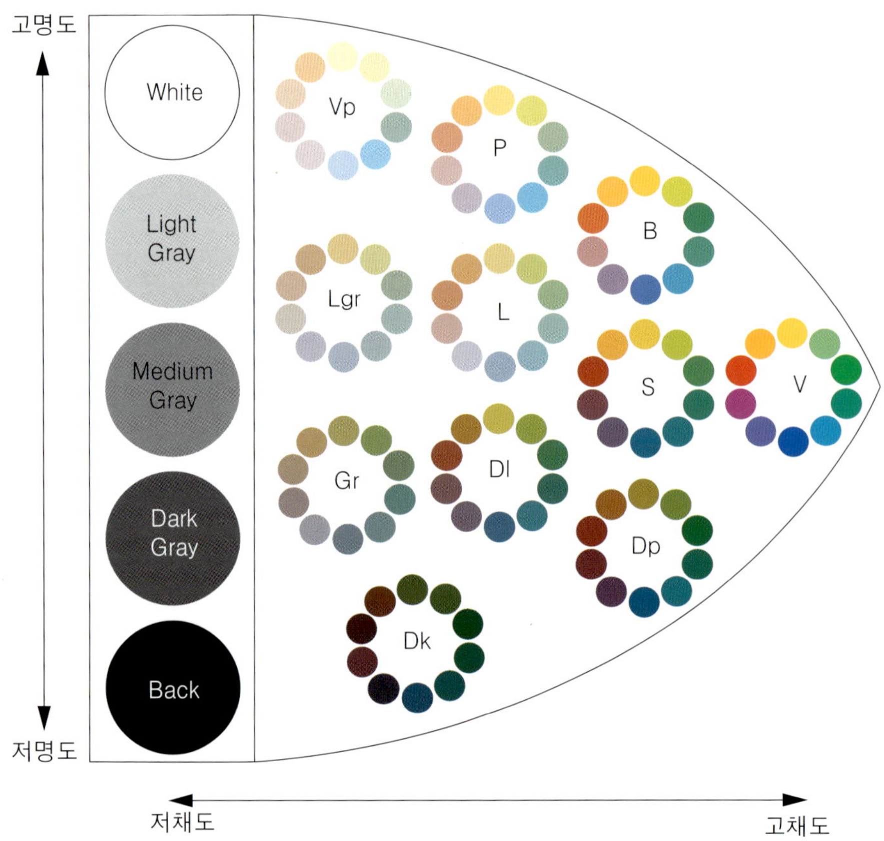

5. 먼셀표색계

미국의 화가이자 색채 연구가인 앨버트 먼셀(Albert H. Munsell, 1858~1918년)에 의해 체계화 된 이론으로 1940년 미국의 광학협회(Optical Society of America)에 의하여 수정된 수정먼셀표색계가 표준색표로서 시판되었다. 오늘날 먼셀 표색계라고 하는 것은 이 수정 먼셀 표색계를 말하여, 우리나라에서도 이 표색계를 색의 3속성에 의한 방법이란 제목으로 한국 공업규격(KS A0062)로 채택하였다.

1) 색상(Hue)

최초의 기준을 빨강(R), 노랑(Y), 녹색(G), 파랑(B), 보라(P)의 5색을 같은 간격으로 배열하여 중간에 주황(YG), 연두(CY), 청록(BG), 남색(PB), 자주(RP)를 배열하여 10색으로 분할시키고 있으며, Hue&Tone 120의 기본 10색상과 동일하다.

• 먼셀 표색계의 10색상환 실습

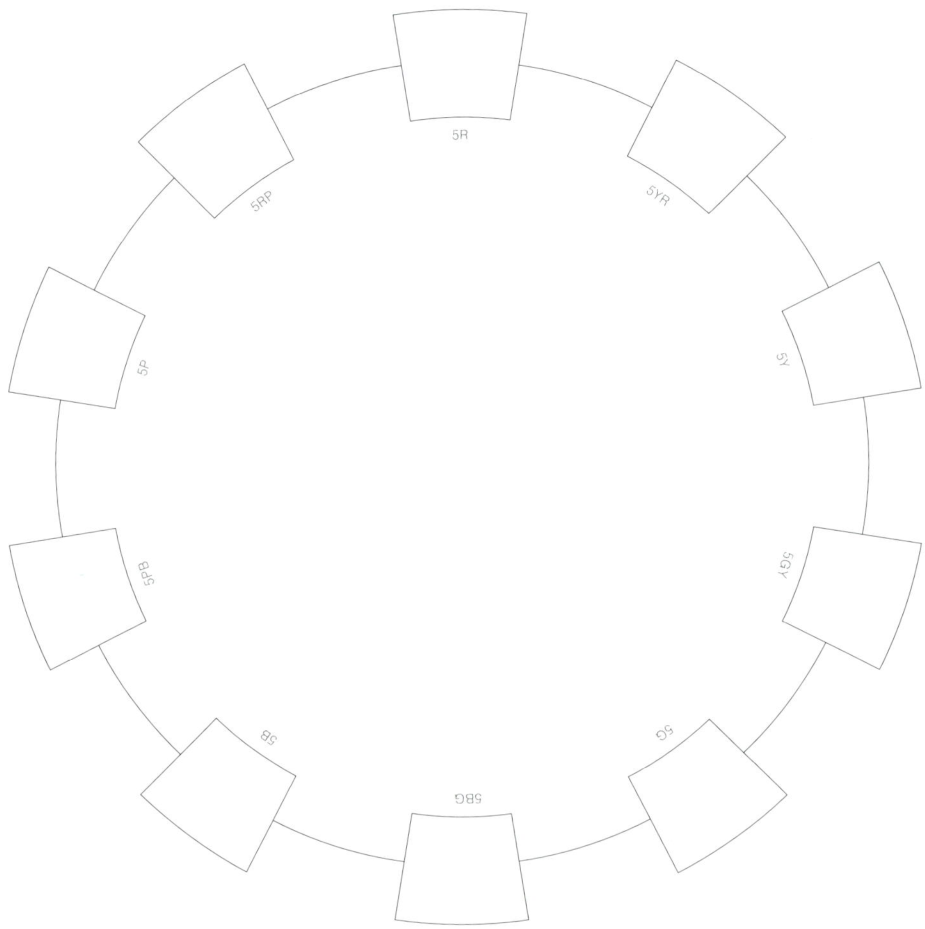

- 먼셀 표색계의 20색상환 실습

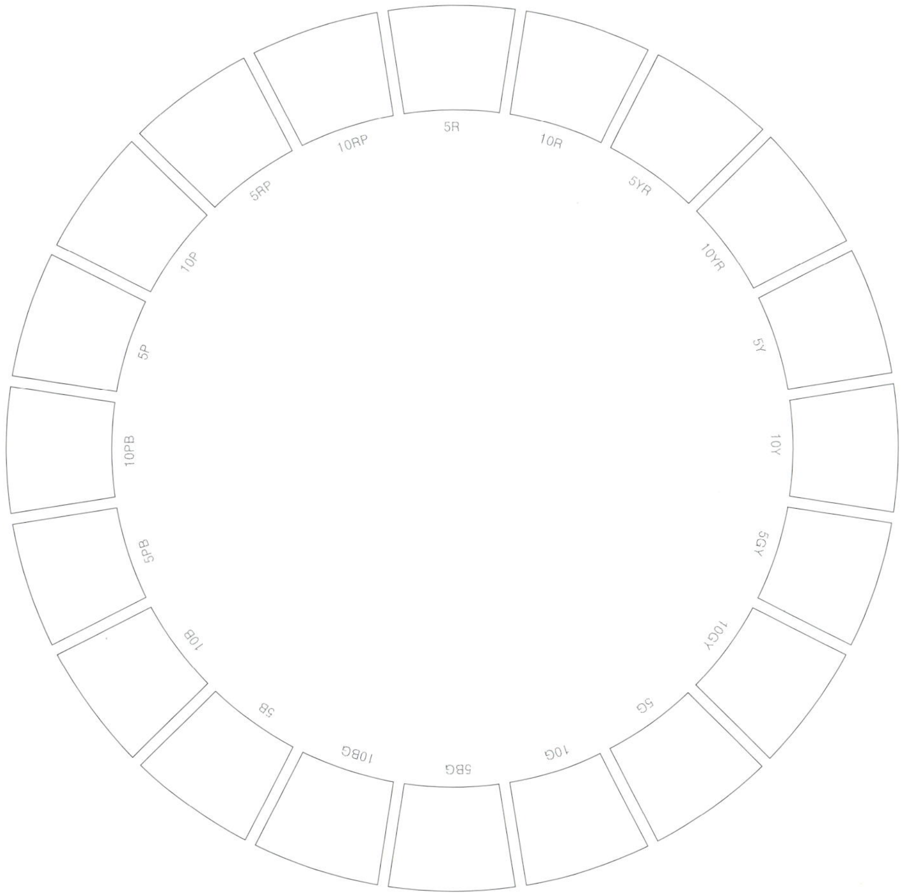

2) 명도(Value)

색을 표현할 대 밝다. 어둡다라고 표현하는 것이 명도이다.

색입체 상부의 이상적인 흰색을 10, 하부의 이상적인 검정을 0으로 하여, 지각적 등보도에 의한 순서로 나열한다. 무채색은 명도를 표시하는 숫자 N(뉴트럴)를 붙혀 N5.5와 같이 표시한다.

※ 먼셀시스템의 색 표시법

특정의 색을 표시하는 방법은 그 색의 색상 기호, 명도의 척도치를 색상 명도/채도의 순으로 표시하며 무채색은 무채색을 의미하는 N를 표시하여 나타낸다.

예 : 2.5 R 5/8

색상 명도 채도 순으로 표시한다.

명 도

3) 채도(Chroma : 크로마)

먼셀 크로마는 물체색의 표면색에만 사용한다. 색입체의 중심에 있는 무채색으로부터 떨어져 가장 선명한 색을 외측에 배치한다. 각각의 색상에 따라 채도는 달라진다.

채 도

- **명도 그라데이션 실습**

ㅁ에 제시된 번호대로 색종이를 선택하여 부착하시오.

포스터 컬러를 이용하여 무채색의 명도 그라데이션을 완성하시오.

White		색종이	포스터 컬러
↑ 고명도	N9.5	111	
	N9	112	
	N8	113	
	N7	114	
중명도	N6	115	
	N5	116	
	N4	117	
	N3	118	
	N2	119	
↓ 고명도	N1.5	120	
Black			

6. 오스트발트 표색계

독일의 화학자 오스트발트(Friedrich W. Ostwald, 1853~1932)에 의해 고안된 표색계로 색의 삼속성과는 다른 착안에서 성립되었다. 모든 색은 모든 파장의 빛을 흡수하는 이상적인 검정의 양인 검정색량, 모든 파장의 빛을 반사하는 이상적인 흰색의 양인 흰색량, 그리고 특정한 파장만을 흡수하는 이상적인 순색의 양인 순색량의 혼합비로 나타낸다는 것이다. 즉, 혼합하는 색량의 비율에 의하여 만들어진 체계로 색과 인간의 생리적인 면을 중시하여 만들어졌으므로 인간의 체험을 통한 색채 계획이나 색채 조화에 주로 쓰인다.

오스트발트의 색상환은 헤링(Konstantin Hering)의 색광설에 따라 노랑·빨강·파랑·녹색을 4원색으로 하여 그 사이에 주황·보라·남보라·황록을 넣어 각각을 3분할 한 24색상으로 보색 색상환을 만들고 있다. 무채색의 명도 단계는 흰색과 검정색과의 사이에 6가지의 회색을 삽입한 8단계로 설정하고 있다. 이 무채색에 포함되는 흰색과 검정색의 비율은 페히널(Fechner)의 법칙에 따라 흰색이 증가하는 방법을 등비 급수적으로 선택하고 있다. 이 명도 단계의 흰색을 위로, 검정색을 밑으로 하여 수직으로 세워서 이것을 한 변으로 하는 정삼각형을 만들어, 그 정점에 각 색상의 순색을 둔 것이 등색상 삼각형이다. 그리고 이 3변을 8등분하면 24색으로 분할되어 그 제각기의 기호가 붙는다. 오스트발트는 흰색량, 검정색량, 순색량의 합을 100%로 하였기 때문에 등색상면 뿐만 아니라 어떠한 색이라도 혼합량의 합은 항상 일정하다.

W-B, W-C, C-B 각변의 각각 8단계로 등색상 삼각형을 형성하고 있는데 이것에 기호를 붙혀, 먼저 W에서 C방향으로 a, c, e, g, i, l, n, p와 같이 알파벳을 하나씩 건너 띄어 표기한다. C에서 B방향으로 똑같이 알파벳순으로 표기하고 이들이 교점이 되는 색을 ca, la 등등으로 표시하게 한다. a가 가장 밝은 색이며, p가 어두운 흑색이 된다.

즉, 예를 들어 17la의 경우 색상기호는 17(청색), 백색량을 나타내는 l, 흑색량 c로 표시되어지는 것이다.

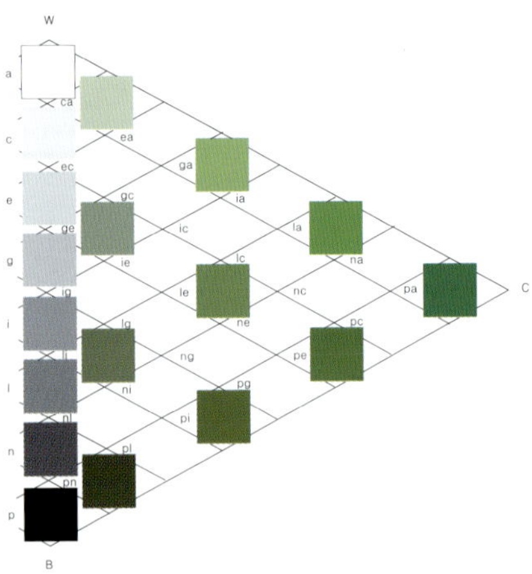

오스트발트의 등색상면

Check

NCS색 표기법

흑색량 S, 순색량 C, 색상 순으로 표시한다. 예를 들어 'S2040-Y10R'이라는 색으로 표시하며, 흑색량이 20%, 순색량이 40%로 색상은 노랑색 90%, 적색 10%라는 것을 표시한다. 순수한 회색들은 무채색의 영문의 첫자인 N으로 표시하고 0500-N은 흰색으로 9000-N은 검정색이다.

7. NCS(Natural Color System)

독일 생물학자 헤링(Konstantin Hering)의 4원색론을 기본으로 하고 흰색과 검정을 더한 6가지 주요 원색으로 하여 1979년에 스웨덴의 국가 규격으로 제정된 표색계이다. 심리적인 척도에 근거하여 인간의 지각량 기술을 목적으로 하고 있어, 색의 지각량을 문제로 하는 색채 심리, 건축, 디자인 등의 분야에서 많이 쓰여지고 있다. 단, 먼셀 표색계처럼 균등색공간이 아니라 색채관리 용도로는 적합하지 않다.

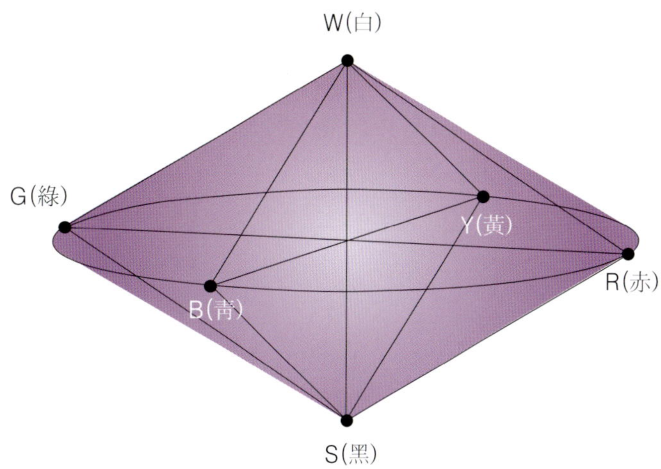

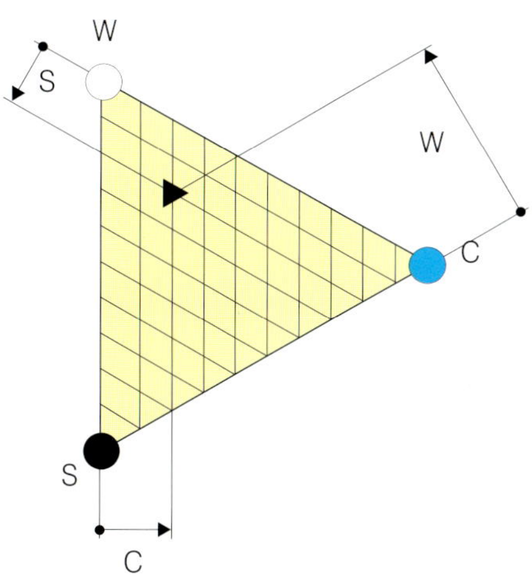

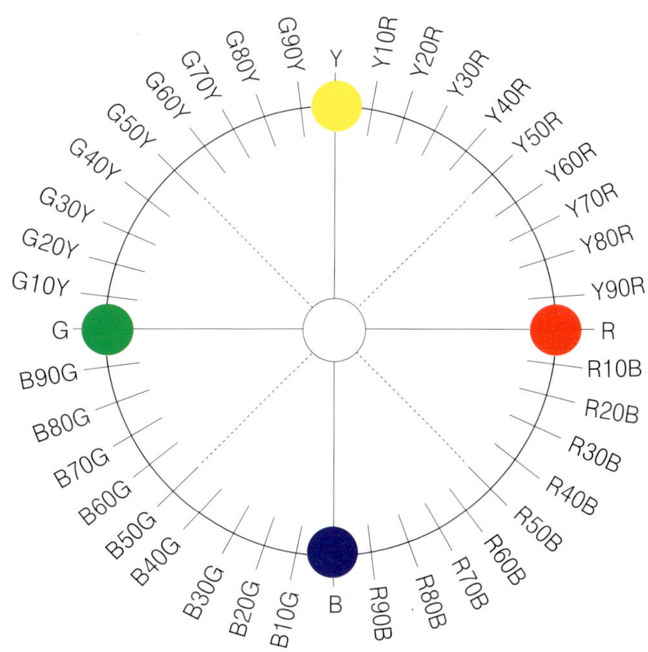

8. Hue&Tone 120표색계

우리나라 산업자원부 산업기술개발 사업의 일환으로 개발된 Hue&Tone 120 색체계 (colors 120 색종이)이다. 우리나라 사람들이 일반적으로 느끼는 색채 이미지에 준하여 고안된 것으로 색조는 11개로 분류한다.

선명한(Vivid), 강한(Strong), 밝은(Bright), 맑은(Pale), 연한(Very pale), 흐릿한(Light grayish), 은은한(Light), 탁한(Grayish), 차분한(Dull), 진한(Deep), 어두운(Dark)으로 나누어 진다.

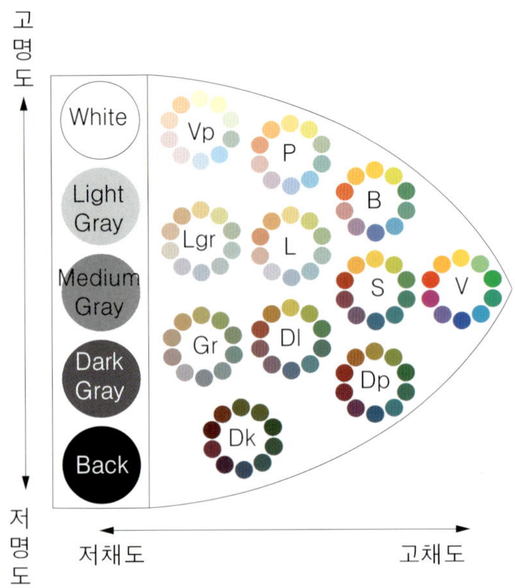

Neutral	
N9.5	
N9	
N8	
N7	
N6	
N5	
N4	
N3	
N2	
N1.5	

Tone \ Hue	R	YR	Y	GY	G	BG	B	PB	P	RP
V										
S										
B										
P										
VP										
Lgr										
L										
Gr										
Dl										
Dp										
Dk										

• Hue & Tone 실습

Neutral	
N9.5	
N9	
N8	
N7	
N6	
N5	
N4	
N3	
N2	
N1.5	

Hue / Tone	R	YR	Y	GY	G	BG	B	PB	P	RP
V										
S										
B										
P										
VP										
Lgr										
L										
Gr										
Dl										
Dp										
Dk										

9. PCCS표색계

재단법인 일본 색채연구소가 1964년 개발한 일본 색연 배색 체계 Practical Color Co-ordinate System의 약어로, 색채 조화를 주된 목적으로 한 칼라 시스템 색의 표시 방법이다.

톤(Tone)은 색의 농담이나 명암 그리고 강약 등의 적용을 말하며 명도와 채도가 관련되어 있고 각 색상의 같은 명도와 채도의 색을 그룹화하는데 PCCS에서는 유채색에서 12그룹, 무채색에서 5그룹, 합쳐서 17그룹의 톤으로 편성되어 있다.

같은 톤의 색은 감정효과가 변하지 않으므로 톤의 이미지를 알아두면 그 톤에 속하는 색의 어느 것을 사용하여도 그 이미지에 가깝게 할 수 있다.

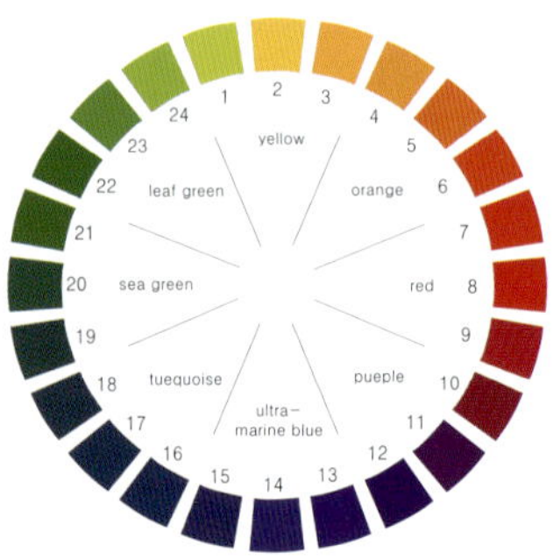

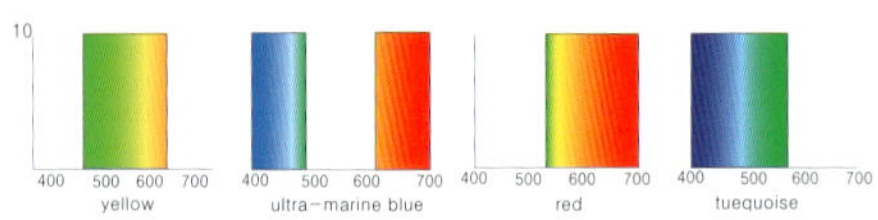

• PCSS표색계 색표기 법

색상, 명도, 채도의 3속성으로 색을 표시하는 경우 예를 들어 2:R-4.5-9s 식으로 표시하고, 무채색은 명도를 표시하는 숫자에 n을 n-4.5식으로 표시한다. 또한 색상과 톤으로 색을 표시하는 경우, 색상환 번호를 톤의 약자를 넣어 표시한다. 예를 들어 유채색의 톤은 P(페일=엷은), lt(라이트=얕은), b(브라이트=밝은), v(비비드=선명한), s(스트롱=강한), sf(소프트=부드러운), d(덜=둔한), dp(디프=짙은), dk(다크=어두운), ltg(라이트그레이쉬=밝은 회색기의), g(그레이쉬=회색기의), dkg(다크그레이쉬=어두운 회색기의)의 12그룹이다. 표시에서 P10이라고 하면 엷은 톤의 색상 10의 색을 표시한다. 무채색은 w(화이트), ltGy(라이트그레이), mGy(미디엄그레이), dkGy(다크그레이), Bk(블랙)의 5그룹이다. 그 중 스트롱과 다크그레이쉬는 사용되는 경우가 별로 없으므로 표시에서 제외되는 일이 있다.

10. XYZ표색계

CIE(국제조명위원회)가 1931년에 혼색계 대표적인 표색계이다.

빛의 삼원색 R・G・B를 기본으로 변환된 것으로 R・G・B 대신 XYZ로 사용하고 있으며, 삼원색의 량을 표시하기 위해 삼원색 대신 삼자극치라는 표시를 한다.

빛의 특성과 눈의 특성을 일정한 조건으로 규정하고, 그것과 같은 색이 되는 원색의 혼합량으로 색을 표시하는 것으로 다음과 같은 비율을 가지고 있다.

$$x = \frac{X}{X + Y + Z} \qquad y = \frac{Y}{X + Y + Z} \qquad z = \frac{Z}{X + Y + Z}$$

즉, x, y, z는 각각 X, Y, Z의 혼색 비율을 나타내므로 X+Y+Z=1이 된다.

가로 축을 x로 세로 축을 y로 설정하고 좌표를 만들어 색도표를 만들며 Y값은 그 색의 명도를 나타내며, 먼셀의 색공간 안에서의 x값은 색상, y값은 채도에 해당하는 개념으로 타나타낸다. 이 색도표는 상대적으로 색의 위치 관계를 알고자 할 때 편리한 점이 있다.

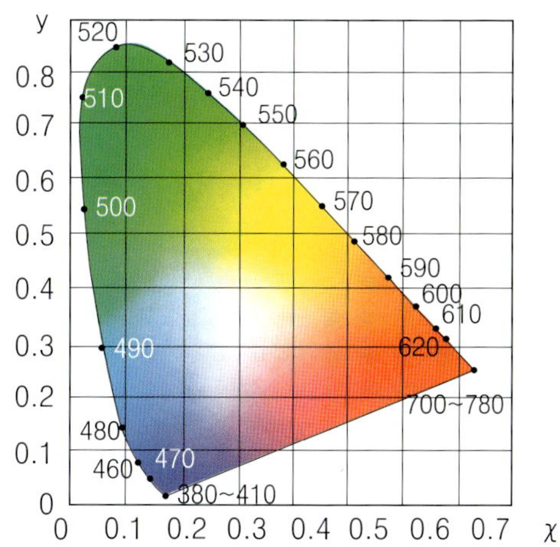

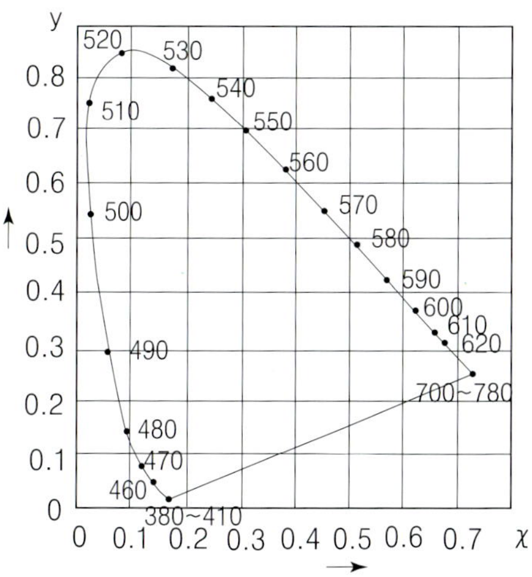

Check

주의해야 하는 점

인쇄된 사진의 색과 컬러 챠트, 조명은 1000 lx가 원칙이며, 표면상태가 차이가 나면 안되고, 크기는 가능한 큰편이 좋고, 색을 비교하는 색이 서로 가능한 근접하게 측색한다.

11. 색을 측정하는 방법

1) 색의 측정방법

분광 측색법이란 색을 보기 위한 3가지 조건 빛과 눈, 물체에 바탕을 둔 측색방법으로 빛은 일반적으로 표준 일루미넌트 D65를 사용하고 눈은 관측자의 특징인 등색함수의 수를 이용하여 물체의 분광분사율만을 측정한다.

시각측정 방법으로 자극치 직독방법이 있는데 광학기계로 분광분포를 구하고 나서 계산을 하는 절차를 거치지 않고 색을 직접 측정하는 방법이다.

2) 분광측색방법

색을 보기 위한 빛과 눈과 물체에 바탕을 둔 측색방법이다. 표준 일루미넌트 D65와 눈의 측정방법인 등색함수의 수치를 이용하여 물체의 분광반사율을 측정하는 법이다. 이에 구해진 분광반사율 곡선에는 삼자극치를 구하고 다시 먼셀 표색계의 3속성으로 변환한 후 색을 표시한다.

3) 자극치 직독방법

자극치 광전색채계라고 하는 측색기로 분광분포를 구하여 직접 색을 측정하는 방법이다. 삼자극치 X, Y, Z를 측정 표시가 가능하다.

4) 시감측색방법

시감측색방법은 많은 색을 신속하게 판정하는 경우에 이용되며 미리 준비된 허용 한계 견본 등을 이용하여 사람의 눈으로 판단하는 방법을 말한다.

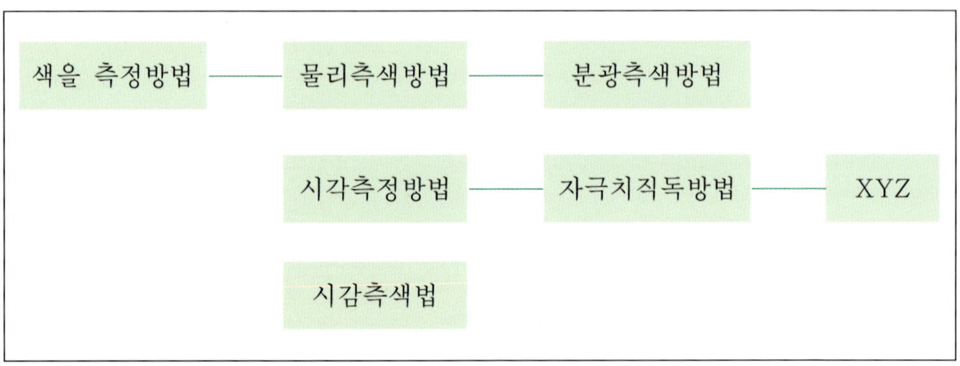

13. 색을 표시하는 방법

1) 기본색명

한국산업규격(KS)A 0011물체색의 색이름에서 유채색의 기본색명 12개(빨강, 주황, 노랑, 연두, 초록, 청록, 파랑, 남색, 보라, 자주, 분홍, 갈색)과 무채색 3색(하양, 회색, 검정)을 기본색명이라 한다.

2) 관용색명

특정한 색의 느낌을 이용하여 나타내는 색명을 고유색명이라고 하며, 색을 연상시키는 자연물과 지역, 인공물의 이름을 따서 사용하며 특히 일반적으로 많이 사용하는 색을 관용색명이라고 한다.
예 : 귤색, 오렌지색, 복숭아색, 쥐색, 살색, 은색, 금색, 호박색, 보르도색 등

3) 계통색명

기본적인 색명에 수식형용사를 붙히는 색명이다.

유채색의 수식형용사

수식형용사	약 호	영 어
선명한	v	vivid
흐린	sf	soft
탁한	dl	dull
밝은	lt	light
어두운	dk	dark
진한	dp	deep
연한	pl	pale
흰	wh	whitish
밝은 회	lgy	light gray
회	gy	gray
어두운 회	dgy	dark gray
검은	bk	blackish

3 색 혼합과 조색

1. 색의 혼색

두개 이상의 물감색을 혼합하여 색을 만들거나 색필터를 중첩하거나 색광을 혼합하여 다른 색채감각을 일으키는 것을 색의 혼합 또는 혼색(Color Mixing)이라고 하며, 색을 만드는 기술적 행위를 조색(Color matching) 이라고 한다.

색은 혼합에 의해 여러가지 색을 만들어 낼 수 있는데 그림물감의 경우(색료의 3원색)와 빛의 경우(색광의 3원색)에서 각각 그 색상이 다르다.

색료의 3원색과 색광의 3원색은 물리적인 보색 관계로, 색상환에서는 서로 중간에 위치한다. 이러한 보색관계의 원리는 컬러 텔레비젼이나 컴퓨터 그래픽, 무대조명과 같은 색광의 혼색, 그림물감이나 페인트의 혼색, 색팽이나 레코드 플레이어 등의 색회전에 의한 회전혼색, 직물의 날실과 씨실에 의한 혼색, 점묘화법의 혼색, 색유리같은 셀로판의 겹침에 의한 혼색, 컬러 인쇄와 망점에 의한 혼색 등에 잘 나타난다.

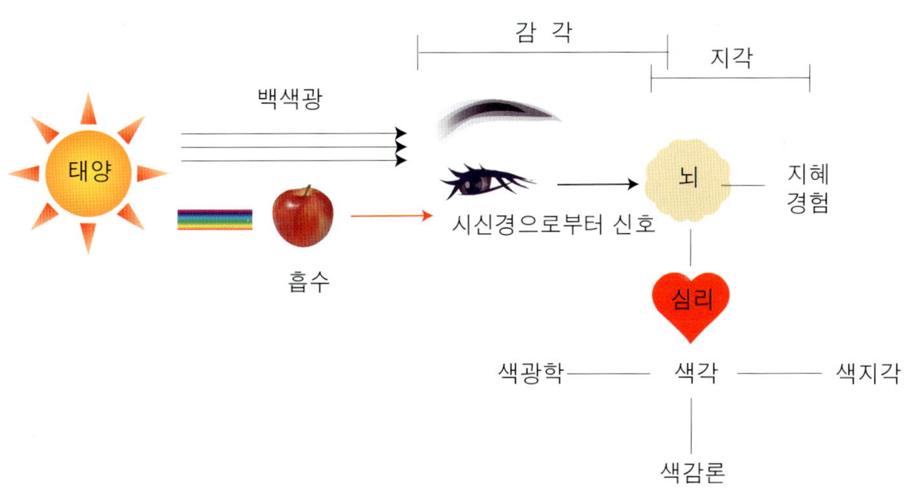

1) 가법혼색

(1) 가법혼색(addivite color mixture)

가법혼색은 색광(빛)을 혼합함으로써 새로운 색채를 만들어 내는 것을 말한다. 가법혼색의 3원색은 R(빨강), G(녹색), B(파랑)라고 하며, 색광의 3원색이라고도 한다. 색광의 혼합으로 색광을 가할수록 혼합색이 점점 밝아진다.

빛의 삼원색이 되는 색파장 중 초록빛과 빨강빛을 함께 비치면 노랑으로 보이며, 빨강빛과 파랑빛을 함께 비치면 마젠타라고 불리는 자색을 띤 분홍색으로, 파랑빛과 초록빛을 함께 비치면 시안(Cyan)이라 불리는 하늘색으로 보인다. 즉 빛의 2차색은 안료의 1차색이 된다. 이처럼 빛은 혼합할수록 더 많은 빛이 가해져서 눈을 자극하게 되며, 더 밝은 색으로 지각하게 되므로 이를 가법혼색이라고 부른다.

이러한 가법혼색은 빛을 혼합할수록 점점 밝고 선명한 색으로 만들 수는 있으나 어둡고 탁하게는 만들기가 어렵다. 따라서 무대에서 사용되는 조명은 삼원색의 빛만 가지고는 부족하므로 특수한 필터가 필요하다. 텔레비젼과 같은 화면에서 보여지는 색은 빛의 강도와 양을 조절하여 혼합함으로써 다양한 색으로 느낄 수 있게 되는 것이다. 이러한 가법혼합은 컬러 인쇄를 할 경우에 색분해에 이용이 되며 스포트 라이트나 컬러 텔레비젼, 조명 등에 사용된다.

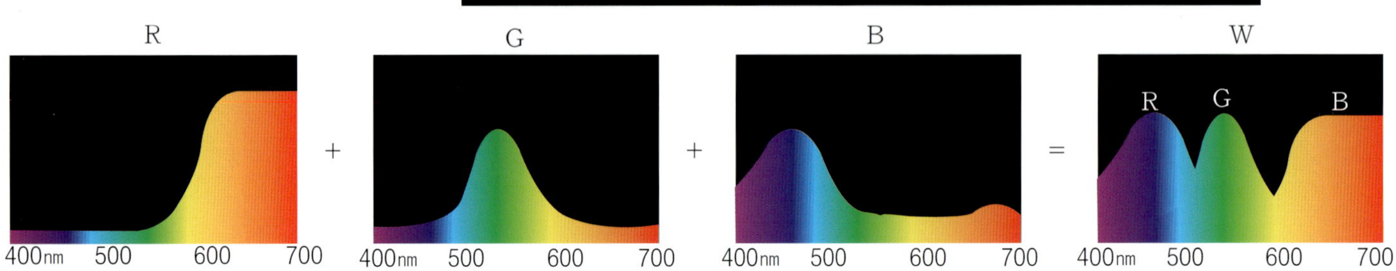

2) 중간혼색(mean color mixture)

중간혼색에는 회전 혼색과 병치 혼색의 두가지 종류가 있다.

(1) 회전(계시가법) 혼색

색광을 빨리 교대하면서 계시적으로 혼색하는 방법으로 순차가법혼색이라고도 한다. 팽이나 레코드 플레이어, 바람개비 등의 회전원판을 일정한 면적비로 하여 부채모양으로 나누어 칠해 1초간에 30회 이상의 속도로 회전시키면, 사실 두 가지 색을 번갈아서 계시적으로 보고 있는 것이지만, 눈의 망막에서 혼색되어 하나의 새로운 색으로 보이게 된다. 이 혼색의 결과 색은 원래 색의 평균치보다 밝게 보인다.

회전혼색 방법 중 회전원판을 이용한 혼색방법은 맥스웰 J.C (James Clerk Maxwell, 1831-1879)이 이론화했던 것으로 맥스웰의 회전혼색이라고도 한다.

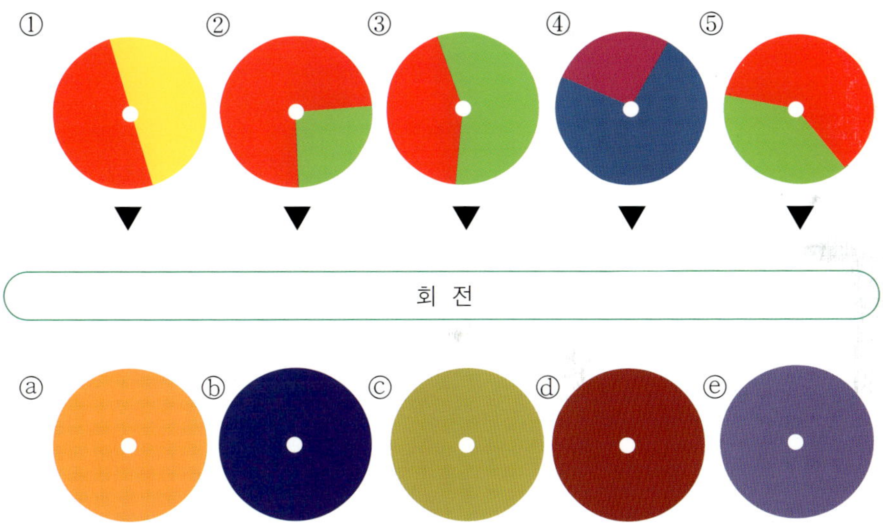

(2) 병치가법 혼색

하나하나의 점으로는 볼 수 없는 작은 색점의 집합에 의해 혼색하는 방법으로, 멀리서 보면 혼색되어 다른 색으로 보이는데 점묘화법이나 모자이크 벽화 등은 이러한 효과를 이용한 것이다. 다른 색의 종, 횡실로 짠 직물의 색 등은 병치가법혼색의 대표적인 것이다. 또한 옷감의 무늬에서 흔히 볼수 있는데, 두 가지 색을 미세한 점이나 선으로 엇갈려 놓고 멀리 떨어져 보면 새로운 색으로 보이는 것도 이 경우다. 혼색한 결과로 거의 중간의 명도가 되고 보색관계에서는 회색이 된다.

회화의 역사상 가장 대표적인 것으로 19세기 인상파 화가인 쇠라(Georges Seurat, 1859~1891)와 시냑(Paui Signac, 1863~1935) 에 의한 점묘화법이 가장 대표적인 예로 나타나며 20세기에 들어와서는 옵아트(Optical Art)에서도 색채와 명암의 시각적 혼색을 시도한 예를 볼 수 있다.

그랑자트 섬의 일요일 오후(1884). Georges Seurat

(3) 감법혼색(subtractive color mixture)

감법혼색은 감산혼합 또는 색료혼합이라고도 한다. 색료의 혼합(그림물감, 인쇄잉크, 염료 등)으로 섞을수록 명도가 낮아진다. 색을 겹치면 그만큼 빛의 양이 줄어 어두워진다. 다른 말로 어떤 색에서 어떤 부분의 빛을 없애는 것이다. 우리가 어떤 물체의 색을 만들기 위해 안료를 혼합하는 과정을 감법혼색이라고 한다. 그 이유는 안료를 혼합하면 할수록 반사되는 빛의 파장은 감소되기 때문이다. 흰색 안료는 빛이 지닌 모든 색파장을 반사하는 성질을 가지고 있다. 이 흰색에 파랑을 섞으면 연한 하늘색이 된다. 이 경우 파랑은 모든 색파장을 흡수하고 파란색 파장만을 반사하려는 성질이 있기 때문에 흰색이 지녔던 반사량을 감소시킨다.

감법혼색의 3원색 또는 인쇄잉크의 3원색은 마젠타(Magenta), 노랑(Yellow), 시안(Cyan)이다.

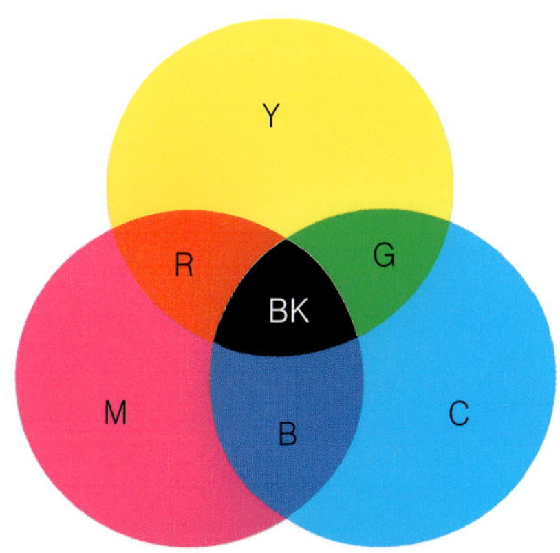

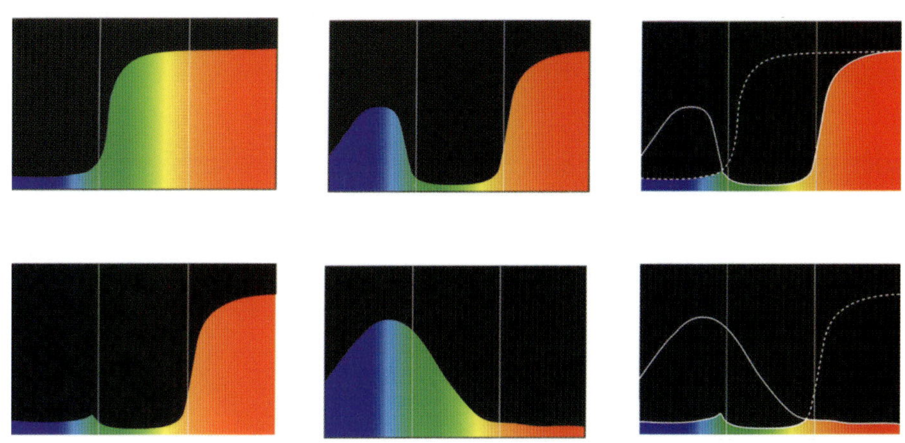

2. 색의 재현

1) 조색(Color matching)

자신이 원하는 색으로 만들어가는 기술적인 행위를 조색이라고 하며, 크게 두가지로 나누어지는데 육안조색과 색재의 혼합비율을 색채계와 컴퓨터를 사용하여 미리 예측하여 계량적으로 조색하는 컴퓨터 자동배색(CCM : Computer Color Matching)이 있다. 육안조색에서 주의해야 할 점은 조명환경과 빛의 방향, 조명의 세기 등 사전에 충분한 검토가 필요하다. 인간의 원추세포는 100cd/㎡ 이상이 되어야 정상적으로 활동한다. 그러므로 조도는 약 1000룩스가 정도가 적당하다.

컴퓨터 자동배색(CCM : Computer Color Matching)의 특징은 분광반사율을 기준색에 맞추어 일치시키므로 광원이 바뀌어도 색채가 일치하는 무조건 등색을 할 수 있다는데 있다.

첫번째 조색 방법 중 육안 조색은 컬러 리스트 기사, 산업기사 1교시, 2과제 색채 재현 문제가 나오므로 물감을 통해 반복 연습을 해두길 바란다.

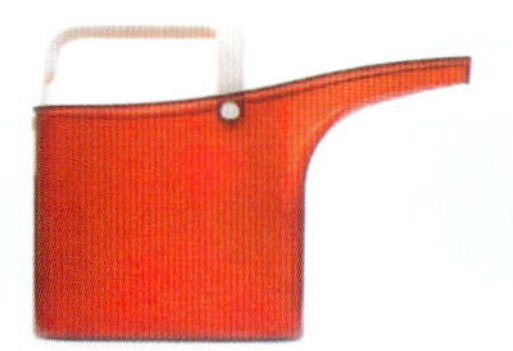

• **대표적인 빨강 색조 실습**

1. 명도 조절을 위해 흰색과 검은색 물감의 양을 조절하면서 채도 조절을 위해 유채색의 양을 조절한다.
2. 포스터 물감으로 칠할 경우 유채색은 Carmine, Vermilion, Yellow, Lemon yellow을 선택하도록 한다.

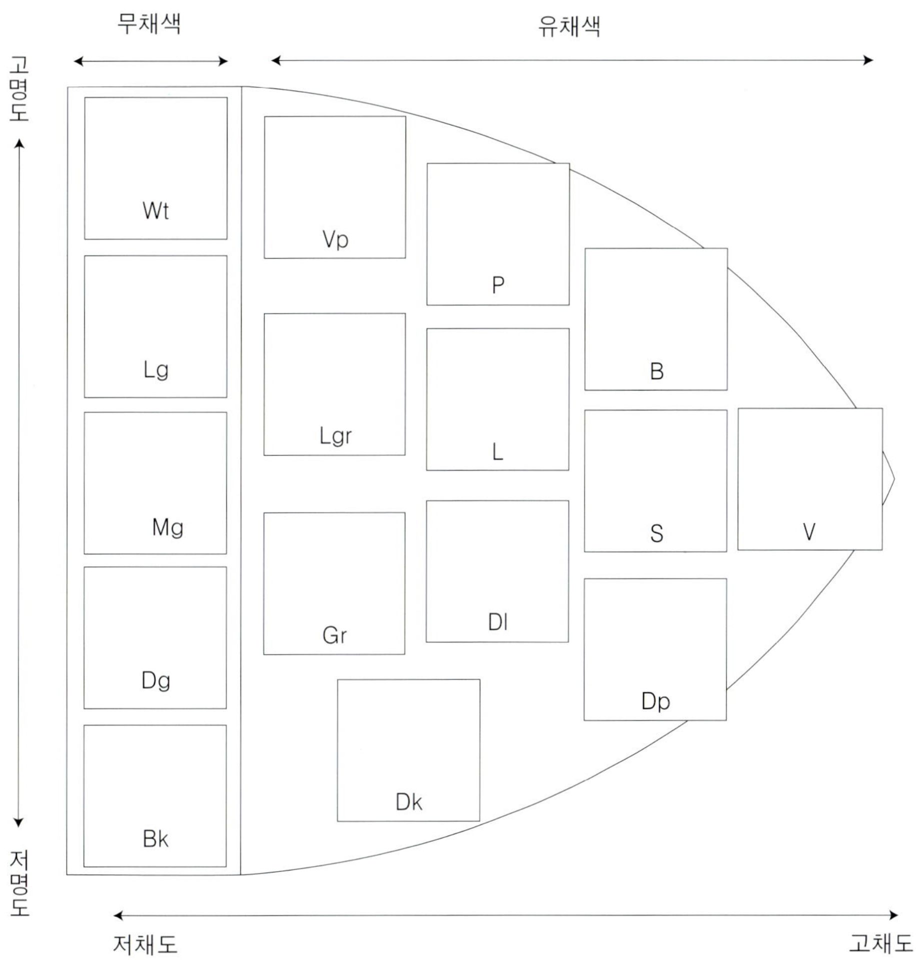

4 색채 심리와 지각

1. 색의 심리
2. 색과 감정효과
3. 색의 3속성에 의한 심리적 효과
4. 색과 이미지, 주요 색들의 연상과 상징
5. SD법

1. 색의 심리

1) 색과 감각과 지각

우리가 색을 느낄 때 항상 같이 따라 가는 것이 인간의 심리적인 부분이다. 각각의 색은 독특한 자기만의 성격을 갖고 있으며, 색채의 심리효과는 색의 삼속성인 색상, 명도, 채도에 따라 달라지며, 특히 하나씩 사용하는 것보다 여러 가지 색이 같이 사용되어 쓰여지는 위치나 크기에 따라 그 심리적인 효과는 매우 다르다. 가장 대표적인 색채효과로는 삼속성에 의한 색상대비, 명도대비, 채도대비 등과 색상대비에서 파생된 보색대비와 면적대비가 있다. 또한 동화효과와 시간적 차이에 일어나는 동시대비와 계시대비도 있다.

2) 색각론

(1) 삼원색론

1801년 영(Young)이 가설을 발표하고 1868년 헬름홀쯔(Helmholtz)가 완성했다고 하여 그들의 이름을 타서 '영 헬름홀쯔의 삼원색론'이라고 한다.

색의 RGB 삼원색을 2개 아니면 3개를 조합하면 모든 색을 만들 수 있다는 설명으로 눈에서 3종류의 추상체가 지각되어 가시광선의 장파장(R), 중파장(G), 단파장(B)에 자극하여 흥분량의 비율에 의해 지각한다는 설이다.

(2) 헤링의 반대색론

'영 헬름홀쯔의 삼원색론'은 이론적으로 완성도가 높다고 하였으나 사실 노랑색의 지각에 대한 설명이 없다는 것이 큰 단점으로 나타났다. 이에 헬링(Hering)는 3종류의 추상체의 존재는 인정하지만 심리적인 원색인 적색, 황색, 녹색, 청색에 의해 적색과 녹색 반대색(잔상)과 노랑색과 파랑색도 동시에 존재한다는 것 무채색과 유채색을 동시대비 시키는 경우에도 잔상이 대립적으로 발생한다는 결과를 확인하였다.

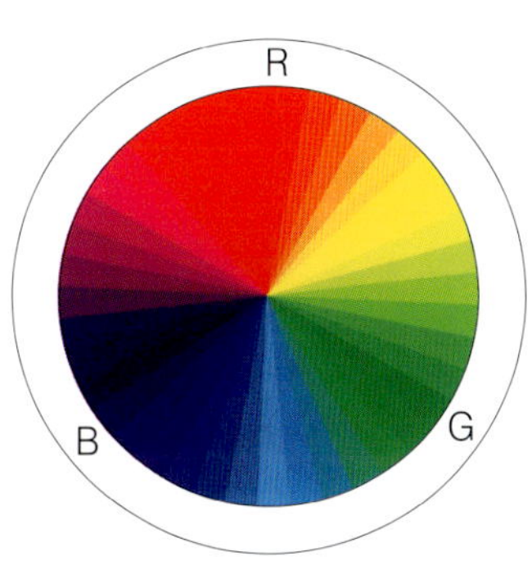

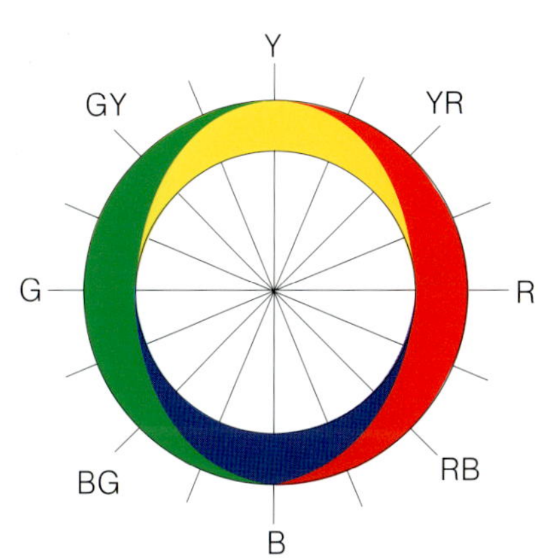

3) 명암순응

순응이란 주어진 환경에 인간이 적응하려고 하는 신체능력의 하나이다. 그 중 색에 관한 순응으로 명암순응과 색순응이 있으며 명암순응은 밝은 장소에서 강한 빛에 반응하여 정상적인 감각을 갖는 것으로 명순응, 어두운 곳에서 시각적으로 사물을 감지하여 반응하는 것을 암순응이라고 한다. 명순응에서 암순응에서 암순응까지는 약 30분이라는 적응이 필요하다. 예를 들어 영화관에서 밖으로 나왔을 때 아니면 반대일 경우 일순간 눈이 부시는 경험을 들 수 있다.

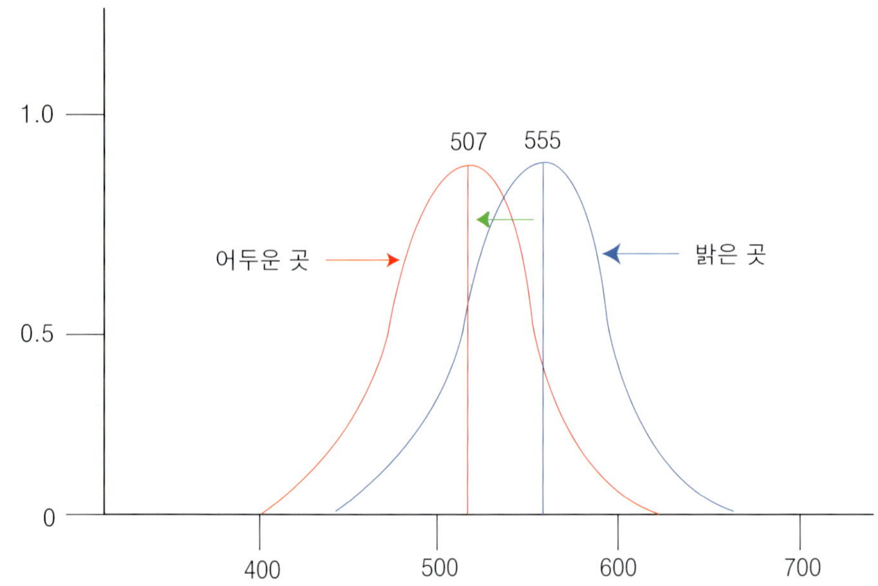

4) 색순응

색순응은 색각의 항상성(Color constancy)과 관련이 있으며, 주어진 환경이 변하여도 색의 특성을 느낄 수 있는 것을 말한다. 눈의 구조에서 공부한 추상체와 간상체의 관계에서 색순응은 3종류의 추상체에 의해서만 관계한다.

5) 기억색

우리가 알고 있는 사과는 빨간색, 바나나는 노랑색, 하늘은 파랑색 등과 같이 실제로 보여지는 색을 우리들의 기억을 기본으로 대상의 표면색에 대한 무의식적 추론에 의해 결정되는 색을 기억색(memory color)이라고 한다.

6) 색대비

(1) 동시 대비

어떤 색을 계속 보고 있다가 다른 색으로 눈을 이동했을 경우 전에 보고 있던 색의 잔상의 영향을 받아 색이 변화한다. 예를 들어 빨간색을 계속 보고 있다가 노랑색을 보게 되면 빨간색의 잔상에 의해 엷은 청녹색이 노란색 위에 올려져 있는 경우를 들 수 있다.

(2) 색상 대비

어떤 색을 계속 보고 있다가 다른 색으로 눈을 이동했을 경우 전에 보고 있던 색의 잔상의 영향을 받아 색이 변화한다. 색상의 다른 두색을 동시에 인접하였을 때 두색이 서로 영향을 끼쳐 색상차가 나는 현상을 색상대비라고 한다.

(3) 명도 대비

인접하는 서로의 색에 따라 같은 색의 명도가 높게 보이거나 낮게 보이는 효과를 명도대비라고 한다.

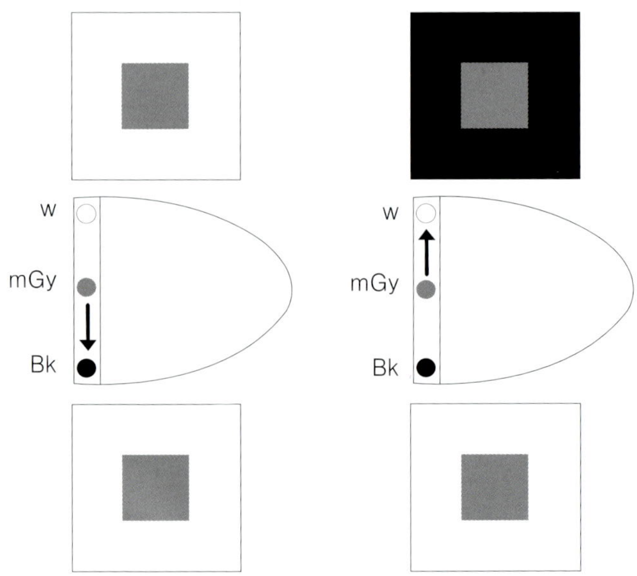

(4) 채도 대비

같은 색이 주변의 색의 조건에 의해 채도가 높게 보이거나 낮게 보이는 대비를 말한다. 채도 차이가 클수록 확실하게 느껴진다.

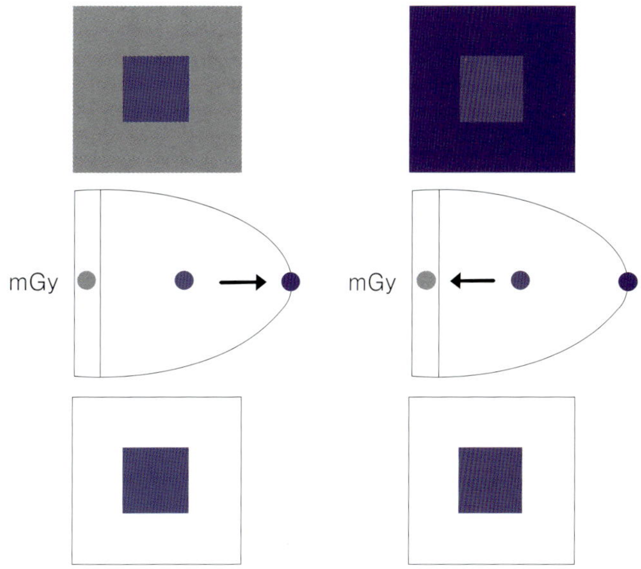

7) 동화현상(베졸트 효과)

두색 이상의 색을 보게 될 경우 반드시 색채 대비만이 일어나는 것이 아니라 서로의 색끼리 영향을 끼쳐 인접한 색이 비슷하게 느껴지는 현상을 동화현상이라고 한다.

특히 가늘게 줄눈을 나타낼 때 더욱 또렷하게 보여 줄눈효과라고도 한다.

(1) 명도동화

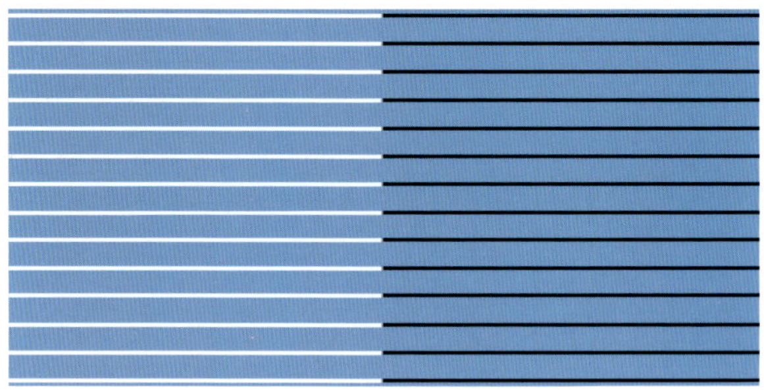

(2) 색상동화

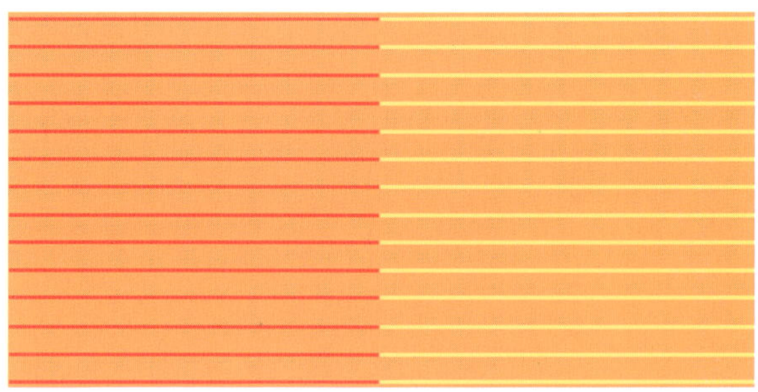

(3) 채도동화

8) 잔상

어떤 색을 일정시간 이상 계속 보고 있으면 색의 자극이 망막에 새겨지며 자극에 의해 망막의 반응이 점점 순응해 나가 소멸되지 않고 여운을 남겨 잠시 동안 시각의 상이 나타나는데 이를 잔상이라고 한다.

이러한 현상은 자극의 강도나 지속시간, 크기에 따라 잔상의 남김이 달라질 수 있다.

잔상효과란 사람이 눈을 통해 물체를 감지하고 뇌가 인식하는데 걸리는 시간은 약 0.03초이다. 이처럼 짧은 시간내에서 상을 바꾸어주게 되면 마치 움직이는 것처럼 보이게 되는 현상을 잔상효과라고 한다. 잔상효과의 가장 대표적인 것이 만화영화이다.

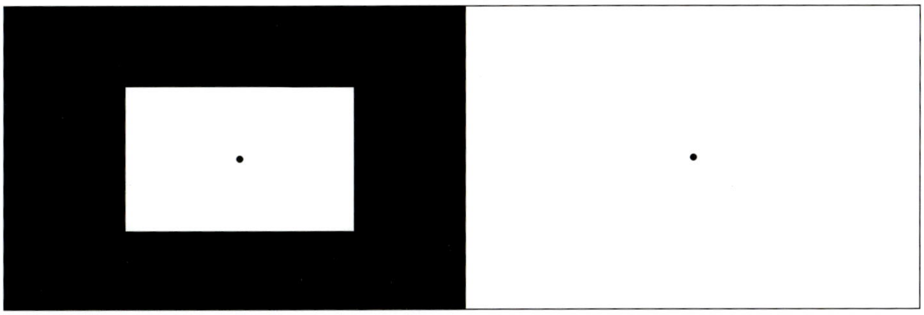

9) 그외 대비와 효과

(1) 보색 대비

색상환에서 정반대 위치에 있는 색끼리의 대비를 말하며, 두 색의 영향을 받아 채도가 높아지고 선명해 보이는 느낌을 받는다.

(2) 연변 대비

다른 두색이 인접한 경우 경계선 부분에서 색의 변화를 보이는 대비를 연변대비라고 한다. 이 대비를 약하게 하기 위해서 경계선에 흰색이나 검정색 선을 넣어 대비효과를 약하게 할 수 있다.

(3) 면적대비

같은 색에서 면적을 작게 하거나 크게 함에 따라 보여지는 느낌이 달라지는 대비를 면적대비라고 한다. 같은 색에도 면적이 작으면 작을수록 명도와 채도가 낮아지고, 면적이 커지면 명도와 채도 모두 높게 보인다.

2. 색과 감정효과

1) 색과 온도감

색채는 온도감과 밀접한 관련을 갖고 있다. 그러나 빨강색, 노랑색 등 색상 그 자체만으로 온도감이 전부 표현되지는 않고 색상과 함께 명도(밝고 어두움), 채도(선명하고 탁한 정도)가 조화를 이루어 온도감을 나타낸다. 색채의 톤(명도+채도)에 따라서는 시원한 빨강이나 따뜻한 연두색도 표현이 가능하다. 그러나 색상이 주는 온도감은 같은 톤의 조건에서 상당한 차이를 보인다. 색채의 온도감 실험에서 정상적인 사람이 느끼는 난색계와 한색계의 온도차는 무려 3℃라는 연구결과도 있다.

2) 색채와 중량감

색의 중량감은 색의 3가지 속성인 색상, 명도, 채도 중에서 주로 명도(색의 밝기)에 기인하지만 색상이나 채도에 의해서도 약간은 그 무게감의 차이를 느낀다. 예를 들어 색상에서는 오렌지색 계열보다는 보라색 계열이 약간 무거워 보인다. 채도의 경우는 같은 명도라면 채도가 높은 쪽(선명한)이 좀 더 가벼워 보이고 채도가 낮은 색이 더 무거워보인다. 즉 순색에 가까운 빨강색 보다는 밤색에 가까운 칙칙한 빨강색이 좀 더 중량감을 느끼게 한다는 것이다.

3) 색과 경연감

채도가 높은 색은 강한 느낌(딱딱한 느낌)을 주고 채도가 낮은 색은 부드러운 느낌을 준다는 것이다. 색상으로 난색계열의 색은 부드럽고, 한색계열의 색은 딱딱한 느낌을 주는 경향이 있으며, 색의 3속성 중 가장 큰 영향을 주는 것은 채도이다. 즉 채도가 높은 색은 강한 느낌을 주어 디자인에서 엑센트로 사용되며, 저채도의 색은 부드러운 느낌을 주어 도시, 환경 색채에 많이 사용되고, 파스텔조의 색은 유아용품에도 많이 사용된다.

4) 색과 소리

대부분 소음 발생원으로 피로해 있는 사람에게 상당한 영향을 주고 있으며, 건강한 사람이라도 소음이 심해지면 호흡수나 맥박수가 변화한다. 이들 현상은 색채공해에서도 동일하게 나타나며, 그 결과 두통이나 히스테리 등의 증상을 동반하기도 한다. 어차피 많은 소음에 둘러싸인 환경이라고 하면 그에 따른 생리적 영향은 피할 수 없을 것이다.

환경색채계획이나 상품색채계획에서 색채와 소리의 관계를 중요시하여 소음을 색채로 다스려 나가는 현명함을 발휘해야 하는 시대가 온 것이다. 원색에 가까운 대형 장비는 도심에서 더욱 시끄럽게 느껴지며 주의를 산만하게 하고 가전제품에 무분별하게 강한 원색을 적용하는 것은 판매를 위해서도 더이상 도움이 되지 않는다.

ANALOGOUS SCALE OF SOUNDS AND COLOURS

5) 색채와 시간감

색채에 대한 시간 개념의 혼란은 흔히 겪을 수 있는 일이다. 이것은 색채가 시간에 관계하여 심리적인 영향을 주기 때문이다. 예를 들면 빨강색이나 노랑색 등 난색 계열의 색에 둘러싸인 환경에서는 시간이 길게 느껴지는 느낌을 받게 되어 한 시간쯤 지났을까라고 생각하여 시계를 보면 30분밖에 지나지 않았을 경우가 그렇다. 재미있게 보낼 수 있는 장소인 오락실이나 까페 등은 이러한 색채조건이 시간을 번 것 같은 느낌이 들어서 좋기도 하지만 손님의 회전율이 빨라져 매출에도 영향을 주게 된다.

반대로 한색계열은 시간을 과소평가하게 하는 경향이 있는데 집중해서 일을 해야 하는 사무실이나 직장의 환경색으로는 적합한 셈이다. 스포츠카의 빨강색은 왠지 더 속도감을 느끼며 빨강색의 모터는 더욱 강렬한 회전감을 느끼게 한다. 그러나 색채를 상품에 적용하는데 있어서 주목해야 할 것은 색채에 대한 보편적 반응도 상당부분 존재한다는 점인데 어떤 연구 결과에 의하면 근육 반응에 있어서 보통의 빛보다도 적색광에서 12% 정도 반응이 빨라진다고 한다. 이러한 색채와 시간감의 특성을 분명한 목적을 갖는 상품색에 응용하는 것은 그리 어렵지 만은 않을 것이다.

6) 색채와 미각 · 향기

시각, 미각, 후각은 화학적 감각기관으로서 서로 보완기능을 가지고 있기 때문에 하나의 감각기관만으로는 불완전하다. 맛이나 향기에 관련된 상품을 개발할 때의 색채계획 중요성은 이러한 실험결과를 보더라도 명백해진다. 시각적 맛의 기대치가 실제 맛보았을 때의 맛과 일치하지 않는다면 그 상품의 이미지는 그만큼 산만하게 되어 소비자에게 오래 기억될 수 없을 뿐 아니라 Hit 상품으로서의 자격을 갖추지 못하는 셈이다.

우리의 오감 역할 중에서 가장 비중이 큰 것은 시각으로서 전체의 87% 정도의 기능을 수행한다고 한다. 그러나 미각은 불과 1%에 지나지 않는다는 연구결과를 보면, 이렇듯 비중이 큰 시각의 70~80%가 색채에 의한 이미지라고 할 수 있으므로 상품의 색채계획은 그 제품의 성패에 직결되고 있음을 알 수 있다.

7) 색과 진출과 후퇴

전진색과 후퇴색은 색채의 일반적 속성으로 잘 알려져 있으며, 빨강, 노랑 등의 난색계와 밝고 채도가 높은 색을 진출색으로 볼 수 있고 청색, 청록색 등의 한색계와 어둡고 탁한색은 후퇴색이다. 빨강색 자동차가 실제보다 크게 보이고 청색 자동차가 작아 보이는 것은 우리의 눈이 색채의 진출, 후퇴색을 반영하고 있기 때문이다.

색의 진출과 후퇴에 가장 크게 좌우되는 것이 색상이다. 가장 대표적인 예로 난색(빨강, 주황, 노랑 등)은 진출색이고, 한색(파랑, 남색 등)은 후퇴색에 해당된다. 1960년 일본학자의 실험결과에 따라 빨강색이 가장 진출되어 보이는 색으로 결과가 나왔으며, 일반적으로 장파장 색이 진출되어 보이고 단파장의 색이 후퇴되어 보인다. 단, 주의의 배경색과 명도차가 진출, 후퇴 효과에 영향을 미치며, 배경색와의 명도차이가 크게 나타날수록 그 효과가 크다.

8) 색의 팽창과 수축

명도가 관계되어 심리적 효과가 있는 것 중의 하나로 팽창과 수축이 있다. 같은 크기의 글자를 흰종이에 검은 글자로 인쇄한 경우와 검은 종이에 글자를 흰색으로 한 경우 어느 것이 더 두껍게 보이는가 하면 후자의 경우가 더 두껍고 크게 보인다. 배경보다 밝은 색이 실제보다 크게 느껴지는 현상을 광삼현상(irradiation)이라고도 하는데 즉 빛의 번짐은 광도가 높을 때 그것이 본래 차지하고 있는 면적보다 크게 보이는 현상이다 .

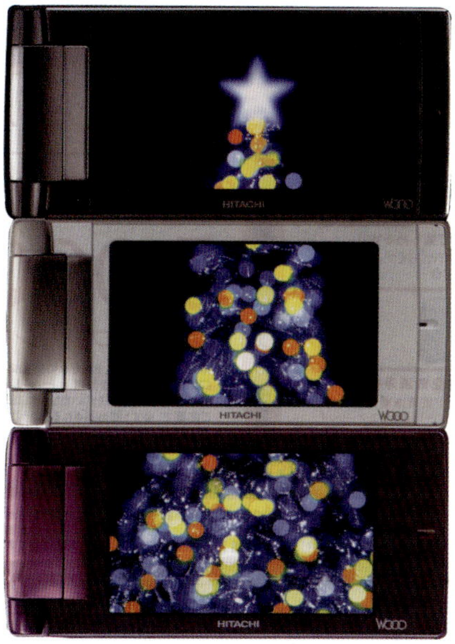

3. 색의 3속성에 의한 심리적 효과

1) 명도 심리 효과

(1) 색의 경중감(무거운 색, 가벼운색), 색의 경연감(딱딱한 색, 부드러운 색)

가볍고 무겁다라는 느낌을 주는 효과로 미국의 컬러 컨설턴트 체스킨(Louis Cheskin)의 저서 '도움이 되는 색채'에서 상품을 넣은 검정상자의 색을 연한 초록으로 바꿨을 때 운반작업자의 피로도가 감소했다는 사례도 나와있는 것처럼 색을 사용함에 따라 우리 인간이 색이 보여지는 중량감을 느낀다고 할 수 있다. 중량감으로는 흰색부터 노랑, 주황, 초록, 보라, 파랑, 빨강, 검정순으로 중량감을 느낀다고 한다. 이와 함께 색의 경연감 역시 명도에서 느끼는 심리 효과로 명도가 높은 파스텔조의 색을 사용하게 되면 부드러움을 반대로 어두운 청록이나 명도가 낮은 색을 사용하면 딱딱하다는 느낌을 받게된다 .

2) 색상 심리 효과

(1) 색의 한난감(따뜻한색, 차가운색)

가장 대표적인 색의 심리 효과로 일반적으로 색상환에서 빨강, 오렌지, 노랑을 난색이라고 하고, 파랑, 남색을 한색이라고 한다. 그 외 중간에 있는 초록과 보라를 중성색이라고 한다.

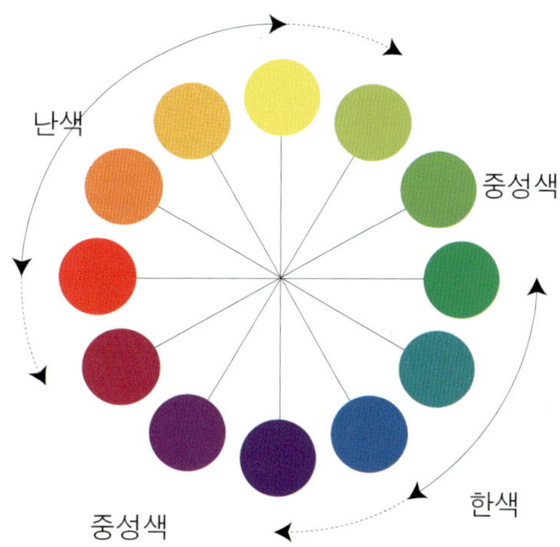

3) 채도 심리 효과

(1) 화려함, 수수함(화려한 색, 눈에 띄지 않는 색)

삼속성 중 채도에서 대표되는 심리 효과는 수수함과 화려함이라고 할 수 있다. 화려하다는 뜻은 주목을 하게 끔 만드는 것을 의미한다. 사람들로부터 시선을 끄는 유목성과 같이 채도가 높은 난색계(유채색이면서 고채도)를 사용하면 화려한 인상을 주고, 반대로 저채도이며 무채색일 경우 수수한 느낌을 준다.

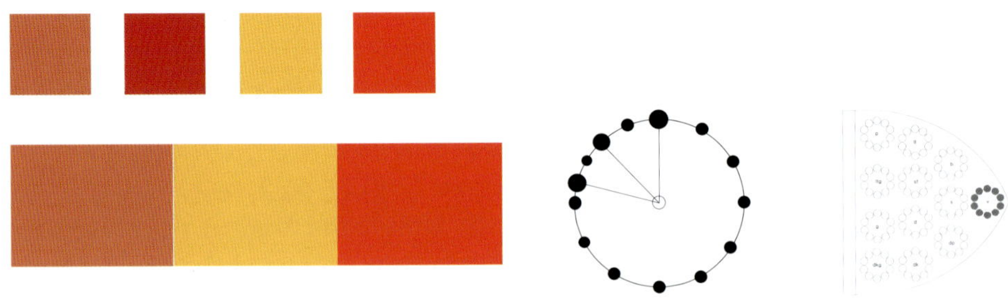

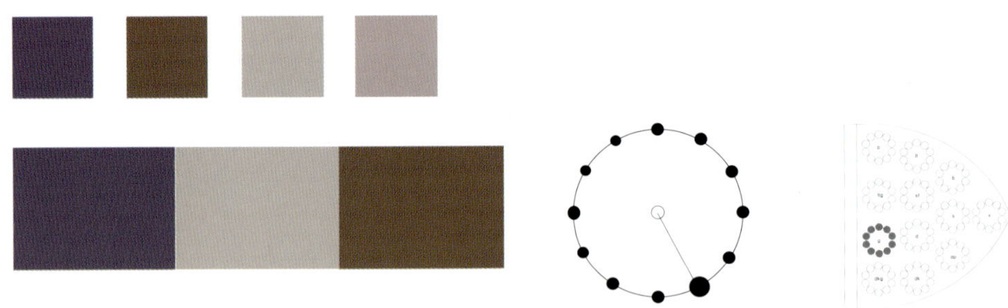

4. 색과 이미지, 주요색들의 연상과 상징

1) 빨간색(Red)

빨간색은 긍정적인 연상으로 피(생명), 불(따뜻함), 진취적인, 애국심, 혁명, 생명력, 강함, 행운 등이 있으며, 부정적인 연상으로는 피(상처), 불(화재), 재난, 고통, 광란, 전쟁, 위험 등이 있다. 빨간색은 주황색과 함께 주목성이 강한 색으로, 위험을 알리는 신호나, 눈에 띄고자 하는 광고의 문자나 상표에 이용되는 경우가 많다. 각 나라의 전통색으로도 많이 사용되며, 중국의 경우 빨강 위의 금색은 특별한 행복을 의미하기도 한다.

특히 결혼의 색으로도 많이 사용되는데, 중국과 한국 등의 경우 신부의 전통 혼례복으로 빨간색을 사용하며, 그 의미로 부유과 성숙을 내포하고 있기도 한다.

2) 주황색(Orange)

정력적인 활동성과 함께 창조성, 포부감을 자극한다. 많은 종류의 과일과 야채에서 보여지므로 영양분의 색이라고도 한다(원예가인 루터 뱅크(Luther Burbank)는 주황색 빛이 식물의 발육을 촉진시킨다는 사실을 발견).

자랑, 정욕, 박애, 건강, 활력, 악마, 이기심, 절망, 인내, 태양 등의 이미지를 내포하고 있다.

3) 노란색(Yellow)

색 중 가장 채도와 명도가 높아 명시성이 높은 배색에 많이 사용되는 색으로, 작업복이나 어린이스쿨버스, 교통표지판 등에 사용되는 경우가 많다. 또한 밝고 젊은 이미지에 가지고 있어 태양, 빛, 자손의 번창, 확대, 지혜, 고귀함 등의 긍정적인 이미지를 사용된다. 특히 어린이, 아기스러운 이미지가 있어 유아용품 등에 많이 사용되는 색이기도 하다. 이와 반대로 질투, 배신자, 거짓, 비겁함 등의 부정적인 이미지를 가지기도 한 색이다. 유럽에서는 노랑 장미의 꽃말과 같이 질투와 배신으로 반역자나 범죄자들의 집 대문을 노란색으로 칠하게 했으며, 회화에서도 예수를 배반한 유다의 옷을 노란색으로 칠해 의미를 내포하여 표현하기도 했다.

4) 녹색(Green)

가장 대표적인 이미지로 생존, 생명, 안정, 휴식, 희망, 신선, 자연 등을 들 수 있다. 편안함을 주며 신경 및 근육의 긴장을 완화시켜주는 역할을 하고 있기에 질병의 치료에서 많이 사용되는 색이다. 색상환에서는 중성색으로 온도감에는 크게 영향을 끼지지 않는 색이지만 파랑색과 같이 배색을 하였을 경우 더욱 차갑게 느끼는 배색이 될 수 있다. 또한 감정적 이미지상으로 차분, 침착의 이미지로도 사용되어 어린이 방에 외벽에 사용되는 경우가 많다. 그외 안내표지로 안전신호로도 사용되어지고 있다.

녹색을 좋아하는 사람은 보수적이고 성실한 사람이 많으며, 사교적이지 못한 경우가 많다.

5) 파랑색(Blue)

기원전 5000년 경까지는 파랑은 검정색의 일종으로 여겨졌으며, 헤브라이인들은 파랑과 보라의 차이를 구별하지 못했다. 신성함, 진정, 행복, 희망, 진실, 명예, 휴식, 거리 등의 상징이다. 정열을 진정시키거나 잠재우는 성질을 가지고 있으며, 열대지방의 작열하는 태양광선을 막아주는 역할로 파란색의 옷이 효과적이다. 세계적으로 가장 좋아하는 색으로 선택되어지는 파랑색은 영원함, 이상, 꿈, 청결의 이미지가 있어 선거의 포스터에 배경색으로 가장 많이 사용되는 색이기도 하다. 부정적인 면으로는 우울과 비관적인 감정을 유발하는 색으로 우울증을 갖고 있는 사람에게는 별로 좋은 색은 아니다.

6) 보라색(Purple)

보라색은 고대의 색으로 과거에는 퇴색하지 않도록 하는 염색 기술이 힘들었기에 보라색을 만드는데 매우 힘이 들었다. 보라색은 귀족의 상징이며, 영혼, 신비, 겸허함, 회한, 지혜 등의 이미지를 가지고 있으며, 번영과 부, 생산력 등과 연관된 색이다. 부정적인 측면에서는 속물, 근성, 허세, 속임수 등 이미지를 가지고 있으며, 무지개색 중에서 가장 파장의 속도가 빠르기 때문에 다른 색깔보다 더 빨리 사라지게 된다.

7) 검정색(Black)

죽음, 어둠, 공포, 절망, 침묵, 사멸 등 부정적인 색상이나 성직자의 예복 등 엄숙함 성향을 가진 색으로 많이 사용된다. 여성들의 패션에서 가장 많이 사용되는 이유로 세련됨, 고급, 모든 것을 수용하는 이미지로 다른 유채색과 같이 사용되는 빈도가 높은 색이다.

최근에는 웰빙 생활과 더불어 Black Food로 검정콩, 검정깨 등의 검은색을 띄고 있는 식품에 대한 관심도가 높아지면서 긍정적인 식품의 한 색으로도 인정받고 있다.

8) 흰색(White)

흰색은 순결과 순수, 믿음, 평화, 항복을 상징하며, 흰색은 모든 무지개 색과 혼합된다는 점에서 조화의 상징이기도 하다. 검은색과 같이 패션쪽에서 많이 사용되는 색으로 유채색 컬러와 함께 사용되는 경우가 많다. 특히 우리나라 사람에게 인기가 있는 색으로 백의 민족이라는 말도 있다. 검은색과 같이 격식있는 자리에 많이 사용되며 결혼식날 신부의 색은 흰색 드레스를 기본으로 한다.

9) 회색(Gray)

가장 무난하게 선택하는 색으로, 패션 쪽에서 특히 선택되어지는 색이다. 부드러움, 안정, 세련됨을 나타낸다. 쾌락주의자는 회색을 좋아한다는 설이 있으며, 회색는 순색의 악세트를 사용하여 더욱 더 세련된 색으로 표현할수 있다.

5. SD(Semantic Differential, 1957)법

색의 의미에 관한 연구는 미국의 심리학자 오스굿(Charles Osgood 1916~)이 1952년에 커뮤니케이션 연구의 방법으로서 개발한 것이다. 반대 의미를 갖는 형용사 쌍을 여러 개 모아, 그들 형용사 쌍을 카테고리 척도로 하여 여러 사람이 평가를 한다. 이 평가에서 상관계수를 기초로 한 형용사 평가를 정하여 근원적인 심리적 요소를 인자분석이라는 통계적 방법으로 구한다. 색채 감정 효과를 정량적, 논리적으로 이해할 수 있으며, 심리적 효과를 다면적으로 분석할 수 있다.

1) SD법을 이용한 평가 방법

작업 목적 및 조사내용을 명확하게 정한다.

↓

평가항목 대상 선정

↓

평가척도의 선정 및 구성 척도는 반대 형용사가 된다.

↓

평가 용지의 작성

↓

평가의 실시

↓

평가대상에 대한 데이터를 수치화 및 이미지 프로필을 통한 분석

↓

인자 분석

↓

레포트 작성

• SD법에 의한 이미지 프로필

SD법을 이용한 Hue&Tone 120 색체계의 11개 색조 이미지

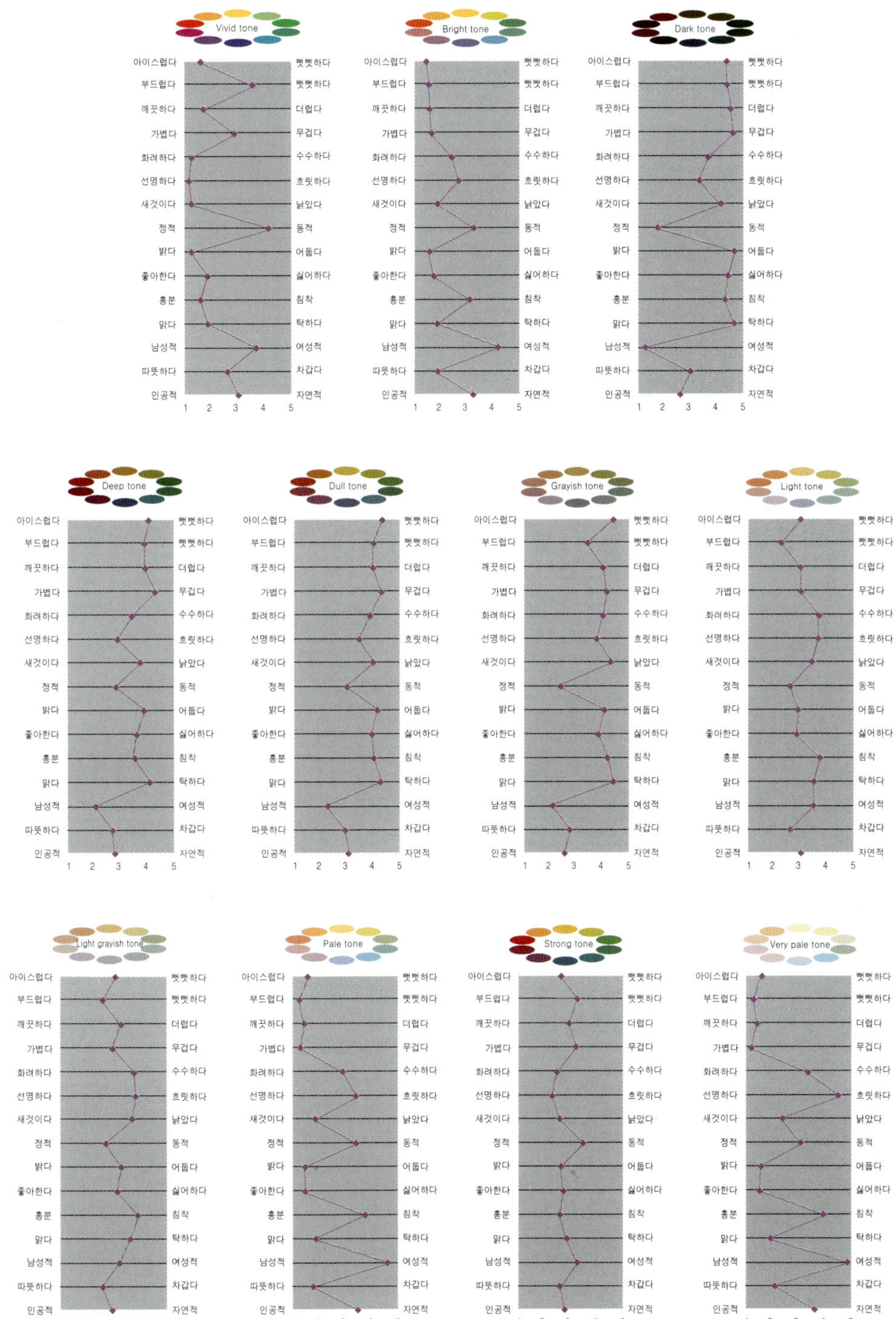

5 배색과 색채 조화론

Check

배색 할 때 주의점

- 색채의 사용목적
- 배치와 면적 비례를 고려
- 색상 명도 채도의 변화를 고려
- 사용할 재질과 형태 및 환경(조명 및 빛)에 고려

1. 배색

1) 배색의 기초

색채조화는 美를 추구하는 배색을 하는 것으로 변화(색상, 명도, 채도, 톤의 차이가 큰)와 통일(색상, 명도, 채도, 톤의 창이가 작은)로 색전체의 바란스를 맞추어 사람들에게 가장 적절한 편안함과 아름다움을 주는 것이다.

2) 색상을 기준으로 한 배색

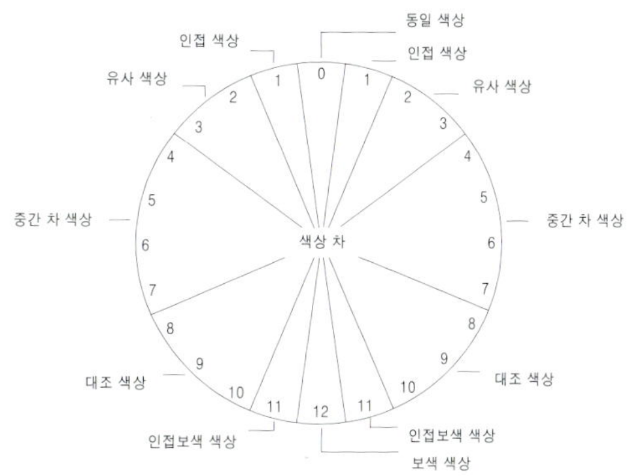

동일 색상배색 identity		색상차 :0 색상각 : 15° ×0=0° 다른 색미를 전혀 포함하지 않은 색으로서 전체에 융화감을 얻어 조화하는 배색이지만 특히 명도나 채도의 변화를 주면 보다 더 좋은 배색을 얻을 수 있다.
인접색상 배색 adjacrnt		색상차 : 1 색상각 : 15×1=15° 적색과 주홍 등의 동일 색상으로부터 조금 떨어진 인접색상에 의한 배색은 색감을 공유하기 때문에 구성색 간의 차이가 적어 부조화 되기 쉽다. 이 때는 명도와 채도에 변화를 주어 대립 요소를 부각시켜 배색하도록 한다.
유사색상 배색 analogy		색상차 : 2, 3 색상각 : 15×2=30°, 15×3 = 45° 색의 인상이나 이미지가 닮은 유사 색상에 의한 배색은 따뜻한 인상을 준다. 쉽게 균형과 조화를 이룰 수 있는 장점이 있지만 색 간의 차이가 적어 단조로운 느낌을 줄 수 있다. 톤의 변화를 주어 배색하도록 한다.
중간차색상 배색	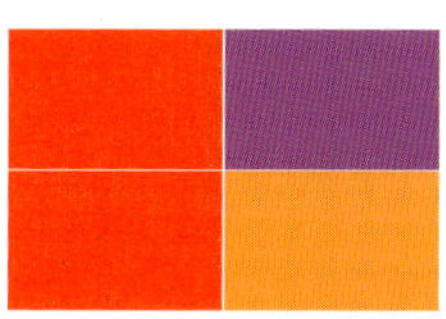	색상차 : 4, 5, 6, 7 색상각 : 60°, 75°, 90°, 105° 중간차색상의 배색은 새차이가 어중간해서 부자연스러운 조화가 될 염려가 있으나, 톤을 일정하게 해서 통일감을 주거나 명도나 채도에 커다란 변화를 주어 대립된 요소의 배색이 되도록 하면 개성있는 배색이 될 수도 있다.
대조색상 배색		색상차 : 8, 9, 10 색상각 : 120°, 135°, 150° 색상환에서 비교적 반대편에 위한 색과 조합이며 특히 기준 색상과 180°에 위치한 색상을 보색 색상이라고 한다. 색상의 대비가 명확한 배색으로 톤이나 면적비 등으로 균형을 잡는 것이 중요하다. 동적, 캐쥬얼 등 강한 이미지를 표현하고 할때 사용한다.

3) 명도를 기준으로 한 배색

가볍거나 무거운 느낌, 눈에 띄거나 띄지 않는 등 배색 효과를 좌우하는 중요한 요소는 명도를 기준으로 하는 배색이라고 할 수 있다. 명도차가 큰 배색은 명료성이 크고, 명도차가 작아짐에 따라 명료성이 낮아진다.

고명도 중명도 저명도

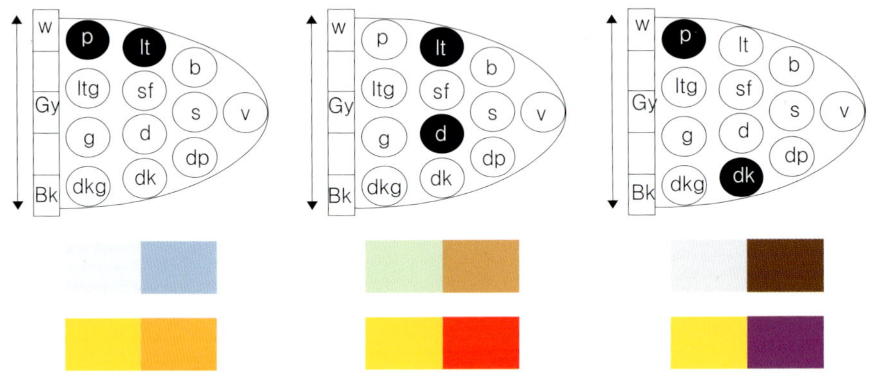

4) 채도를 기준으로 한 배색

(1) 동일 채도 배색

구성색의 채도 차이에 따라 색의 약하고 강한 느낌, 수수한 느낌이나 화려한 느낌을 표현할 수 있다. 고채도의 배색일수록 자극적이며 화려하고, 저채도의 배색에서는 수수하고 차분해진다.

동일 채도 배색 유사채도 대조채도

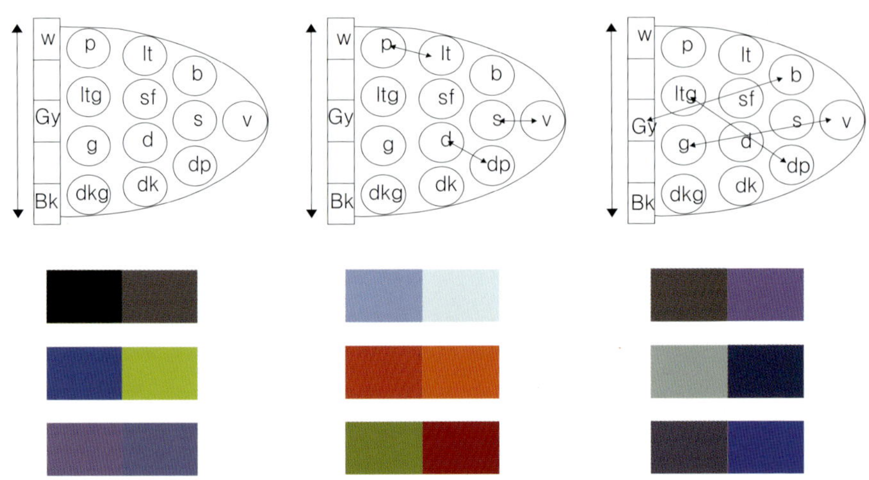

5) 톤에 의한 배색

(1) 동일톤 배색

동일한 톤의 배색으로 통일감이 있어 쉽게 조화한다. 고채도의 톤(v, b, s, dp)일 경우는 각각의 색상을 더욱 강하게 느끼게 하며, 색상을 많이 사용하는 다색배색에 효과적이다.

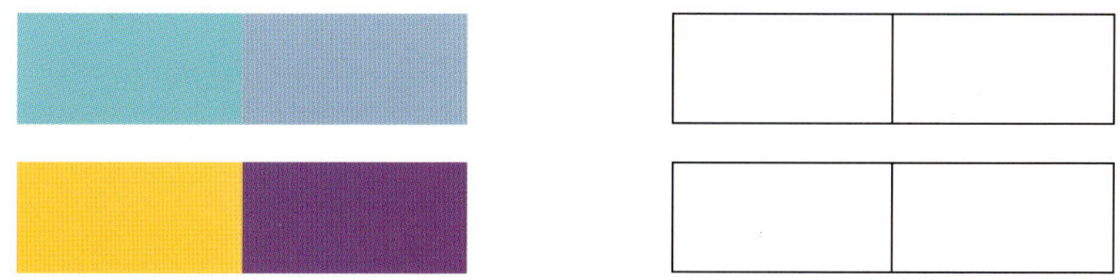

(2) 유사톤 배색

명도는 다르지만 채도가 동일 또는 유사하기 때문에 동일톤과 같이 통일감이 있는 조화를 한다. 동일 색상에서 명도차가 작으면 온화한 느낌을 주며, 딥톤, 다크톤, 다크그레이시톤의 배색은 무겁고, 깊고, 수수한 느낌을 준다.

(3) 대조톤 배색

'밝은(b)-어두운(d)' 또는 '연한(p)-진한(dp)'과 같이 대조적인 위치에 있는 톤의 배색으로 톤 변화가 심하여 대비효과가 강하게 나타난다.

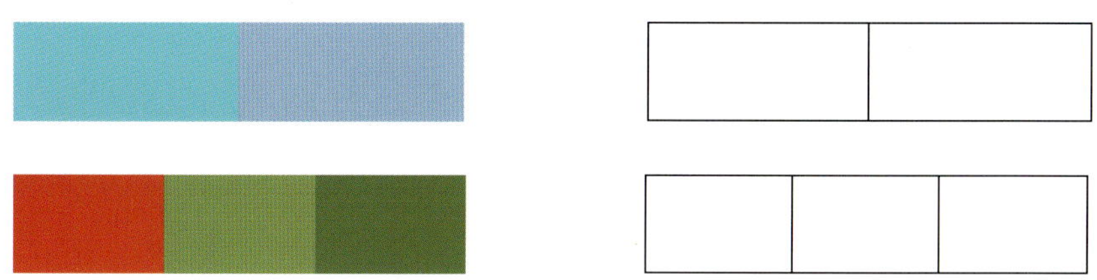

2 색채 조화론

1) 일반적인 조화형식분류와 배색의 분류

조화형식		색채조화가 성립하는 배색구성
유사 조화	동계의 조화 Harmony of Uniformity	통일 요소로부터 만들어지는 조화 • 동일색상배색 : 색상을 통일하여 명도, 채도를 변화 • 동일톤배색 : 명도, 채도의 색조를 통일하여 색상을 변화
	유사의 조화 Harmony of Analogy	근사적 정리과 적당한 변화로부터 생기는 조화 • 유사색상 배색 : 유사의 색상을 조합 • 유사톤 배색 : 명도, 채도가 유사의 조화를 조합
대조 조화	대비의 조화 Harmony of Contrast	변화요소로부터 생기는 조화 • 대조색상배색 : 색상환 위에서 반대위치에 있는 색상을 조합 • 대조톤배색 : 명도, 채도 방향에 대조적인 색조를 조합

2) 슈브롤 색채 조화론

프랑스의 화학자인 슈브롤(Michel Eugene Cheverul, 1786~1889)이 1839년에 색채의 조화는 유사성의 조화와 대조에서 이루어진다는 학설을 내세워 색채 조화 법칙을 저술하였다.

색채조화의 6분류		
제1류	유사 조화	단일scale(색상)을 다른 톤(암도해조, 暗度諧調)으로 볼때의 「동일색상의 조화」
		인접scale(색상)을 톤(暗度諧調)으로 볼 때의 「유사색의 조화」
		대비관계의 색끼리를 한색을 착색되어진 유리를 통하여 볼 때의 「주색광의 조화」
제2류	대비 조화	단일scale(색상)을 대조 톤(暗度諧調)으로 볼 때의 「명도대비의 조화」
		인접scale(색상)을 대조 톤(暗度諧調)으로 볼 때의 「대비의 조화」
		대조 scale(색상)을 대비를 확대하듯이 선택된 색으로 볼 때의 「대비의 조화」

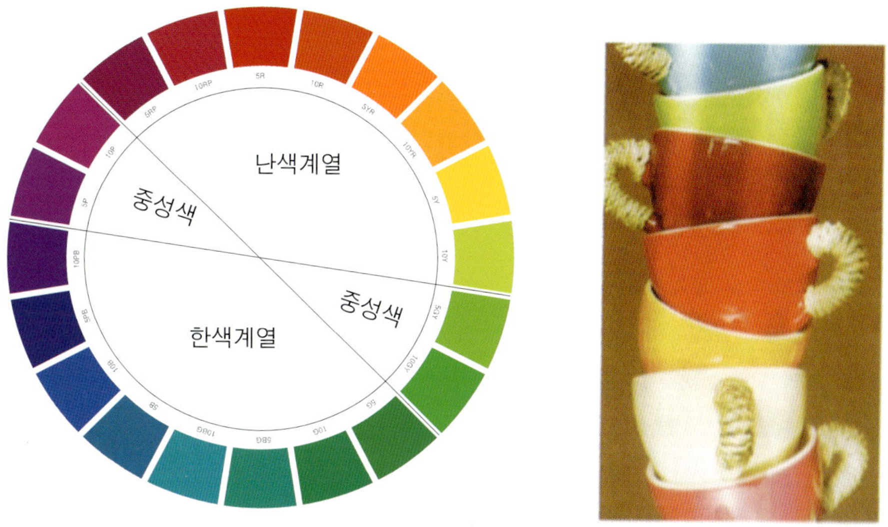

색의 온도감에 따른 따뜻한 색과 차가운 색

슈브릴의 색채체계(색이름과 색의 정의에 관한 법칙에서)

3) 문과 스펜서의 의한 색채 조화유형

미국의 색채학자인 문과 스펜서(P.Moon & D.Spencer)가 먼셀의 시스템을 토대로 1944년 미국광학회 학회지에 공동으로 발표한 색채조화론이다.

문 스펜서는 배색에는 조화되는 것과 부조화되는 것이 있다고 전제로 하고 미적가치가 있는 것을 조화라고 좋은 배색이라고 하였다. 즉 두색의 간격이 애매하지 않는 배색, 색공간에 나타낸 점이 간단한 기하학적 관계에 있도록 선택된 배색으로 한다고 가정하였다.

또한 조화에는 동일 조화, 유사 조화, 대비조화가 있으며, 부조화에는 제1부조화, 제2부조화, 눈부심이 있다.

	조화영역의 분류	색상차	명도차	채도차
조화	동일 조화	0~1jnd(0~1°)	0~1 jnd	0~1 jnd
부조화	(제1애매)	1 jnd~7(1°~25°)	1jnd~0.5	1jnd~3
조화	유사 조화	7~12(25°~43°)	0.5~1.5	3~5
부조화	(제2애매)	12~28(43°~100°)	1.5~2.5	5~7
조화	대비 조화	28~50(100°~180°)	2.5~10	〉7
부조화	(眩輝현휘)	----------	〉10	------

Jnd (just noticeable difference) 지각적으로 보여지는 최소의 차. 즉 식별역을 나타냄

4) 저드의 색채 조화론

1955년 발표된 미국의 색채 학자인 저드(D.B Judd 1900-1972)가 색채조화는 「개인의 취향에 관한 문제이며 정서반응은 사람에 따라 다를수 있다.」라는 언급하면서도 그 동안의 조화론에 대해 아래와 같이 4가지 원칙으로 지적하고 있다.

질서성의 원리 Prtnciple of order	색과색 사이에 질서가 존재 오스트발트의 조화론에서 영향을 받는다.
친근성의 원리 Prtnciple of familiarity	자연계와 같이 사람들에게 잘 알려진 색은 조화 슈브롤과 루드의 조화론에 영향을 받아 사용자의 환경에 익숙한 색은 친근감을 준다는 설이 있다.
공통 요소의 원리 Prtnciple of similarity	어떤 색도 공통성이 있다는 조화의 원리
명료성의 원칙 Prtnciple of unambiguity	몇가지 색의 관계가 애매하지 않고 명쾌하면 조화된다는 원리

5) 파버 비렌의 조화론

색채적용 심리학자인 미국의 파버 비렌(Faber Birren, 1900-1988)는 색이 인간에게 미치는 영향에 대해서 논하였으며, 193년 회전혼색의 결과 유채색이어야 한다는 필요성을 발표하였다. 색채를 통해 다양한 색채 요법의 효과를 적용시켜 색채를 활용하여 심리상태를 극복하는데 많은 영향을 끼쳤다. 환경색채 색채 응용분야에 뛰어난 이론가로서 우리들이 가장 많이 알고 있는 그의 서적으로 「COLOR & HUMANRESPONSE」가 있다.

비렌의 색삼각형(Birren Color Tringle)의 개념도에서는 색채의 미적효과를 나타내고 있는데 7가지 용어가 사용되며 그것은 톤(tone), 흰색(white), 검정(black), 회색(gray), 순색(color), 틴트(tint), 셰이트(Shade)이다.

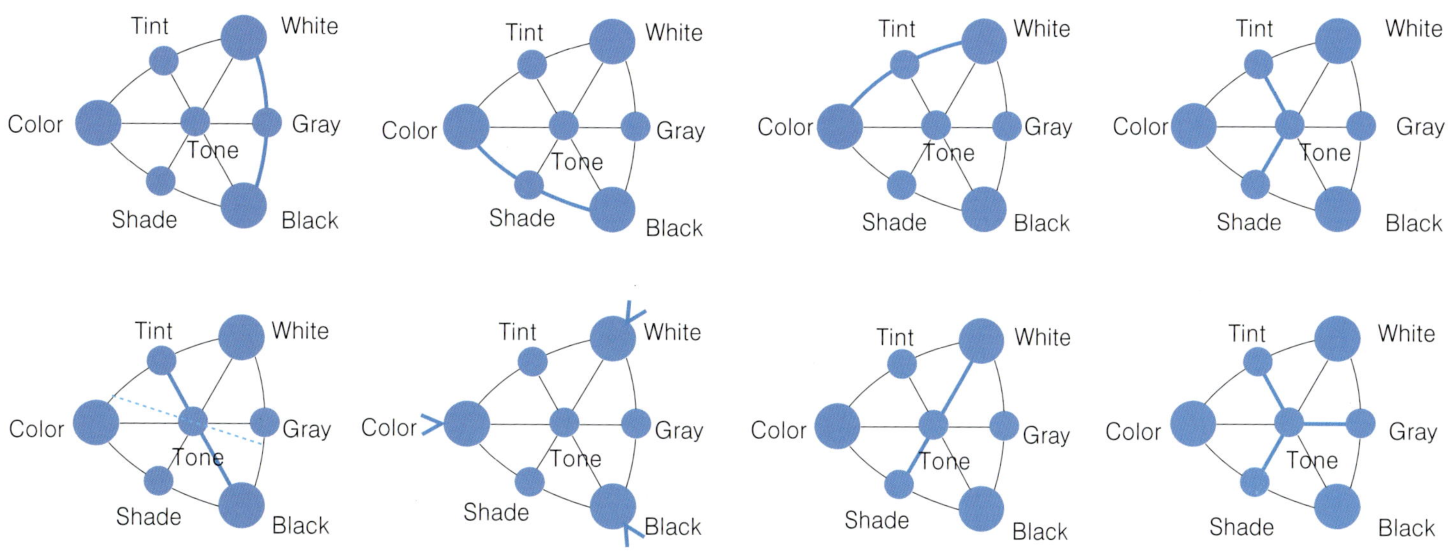

6) 로버트 도어의 조화론

1928년 배색의 조화와 부조화의 원리를 연구 발전시켜 색은 옐로우 베이스와 블루베이스 두가지 기초 색상으로 나누어진다는 조화론을 미국의 로버트 도어(Robert Dorr, 1905~1980)가 발표하였다. Color Key Program으로 더욱 더 알려진 배색시스템이다.

3. 배색의 응용

1) 주조색(Base Color)과 보조색(Assort Color)

가장 기본이 되는 배색 기법으로 배색 전체의 면적에서 가장 큰 면적을 차지하는 컬러를 주조색이라고 한다. 이에 맞추어 제 2의 색으로 색채 이미지에 맞게 배색되어지는 색을 보조색 또는 배합색이라고 한다. 면적적으로는 주조색보다 작은 면적을 차지하지만 기본적으로 유사색상을 사용하는 예가 많다.

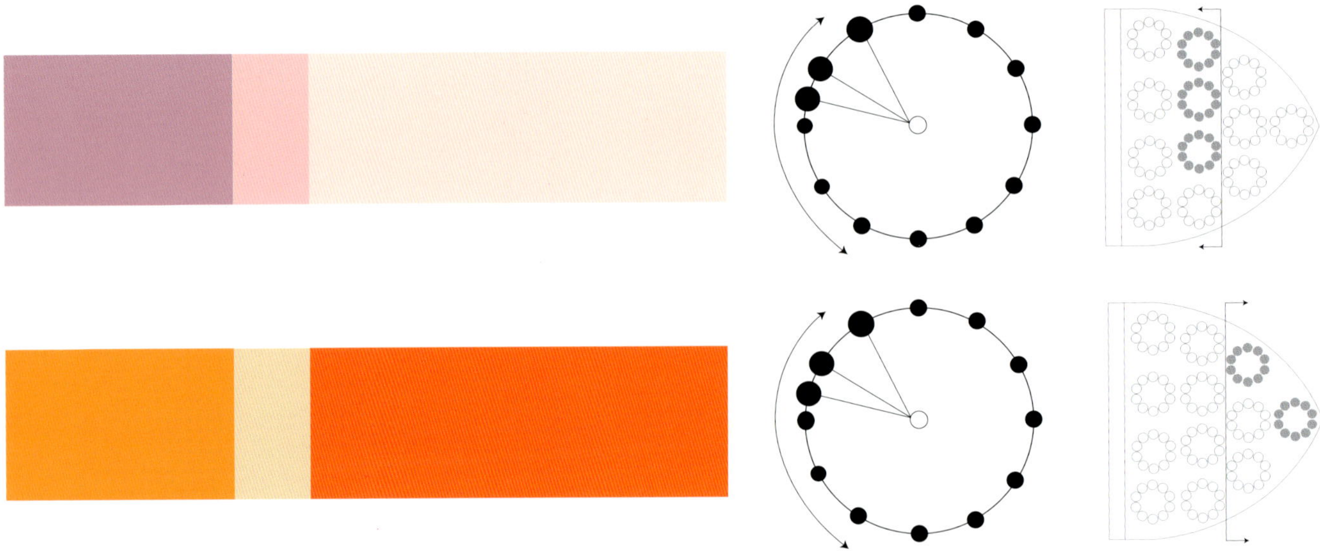

2) 액센트 효과에 의한 배색(accent color)

액센트란 강조한다는 뜻으로 주조색과 보조색을 함께 사용하며, 단조로운 배색에 강조하고자 하는 색을 효과있게 표현하고자 할때 대조적인 색을 사용하여 전체적인 바란스를 맞춰 돋보이게 하는 배색기법을 말한다.

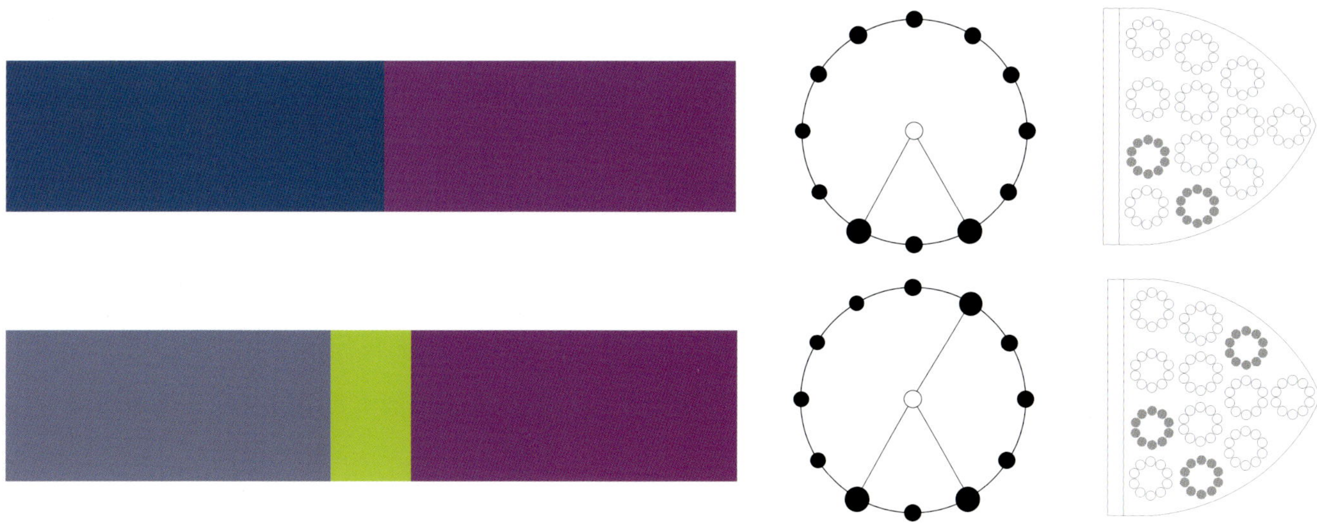

3) 내추럴 하모니(Netural Harmonny)

자연 속에서 보여지는 색상의 변화를 말하며 태양광이 비친 밝은 쪽은 노란빛이 어두운 쪽은 청색빛이 보여진다. 일광에 닿은 나뭇잎은 밝은 노란빛의 녹색으로 어두운 그늘은 청색빛을 한 녹색으로 보여진다.

내추럴 하모니의 원리와 반대하는 배색을 컴플렉스 하모니(Complex Harmony)라고 하며, 색상의 자연스러운 순열을 지키지 않는 배색을 「컴플렉스 칼라 배색」이라고 한다. 위화감이 느껴지는 것으로부터 명명되어졌으며, 세련된 배색이라고 느껴지는 예가 있어 패션 등에는 가끔 사용되어지고 있다.

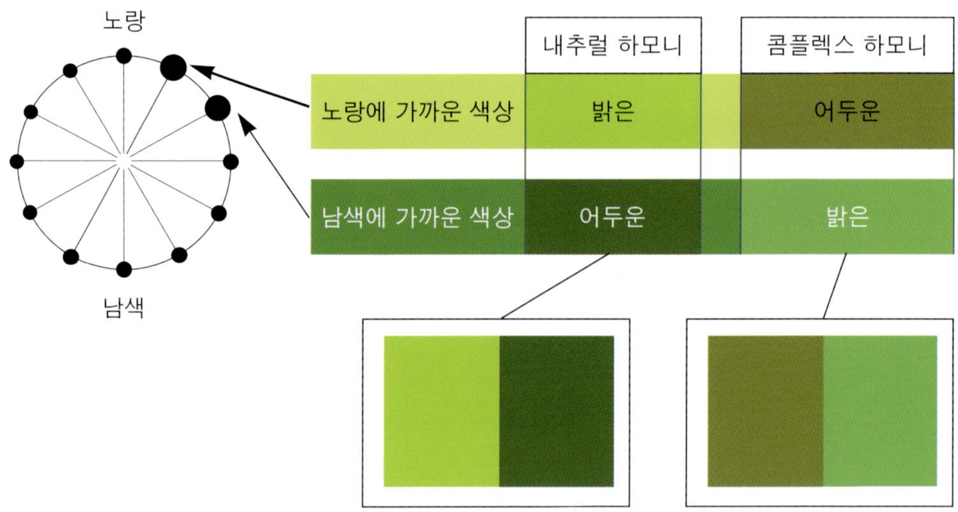

4) 세퍼레이션 효과에 의한 배색(separation Color)

세퍼레이션이란 '분리시키다' 또는 '갈라놓다'란 의미, 두 색 또는 다색의 배색에서, 그 관계가 모호하든지 대비가 지나치게 강할 경우에 접하고 있는 색과 색의 사이에 세퍼레이션 컬러를 한 가지 삽입하는 것으로 조화를 이루는 기법이다. 주로 건축이나 회화, 그래픽 디자인이나 텍스타일 등에 사용되는 예가 많다.

5) 리피티션 효과에 의한 배색(Repetie Color)

레피티션은 반복하다의 의미로 두색 이상을 사용하여 일정한 질서에 기초한 조화를 부여함으로써 통일감이나 융화감을 끌어내는 배색기법이다. 즉, 2가지색 이상의 배색을 한 단위로 하여 되풀이 함으로써 조화로운 결과를 도출해 내는 것이다.

6) 도미넌트 컬러(dominatant Color)

색상을 통일한 배색을 말한다. 도미넌트와는 '지배적인' 이라는 뜻으로 색상을 지배하는 배색이라고 할수 있다. 색상을 통일한 그라데이션 등은 그 전형이지만 그라데이션에 집착할 필요는 없다.

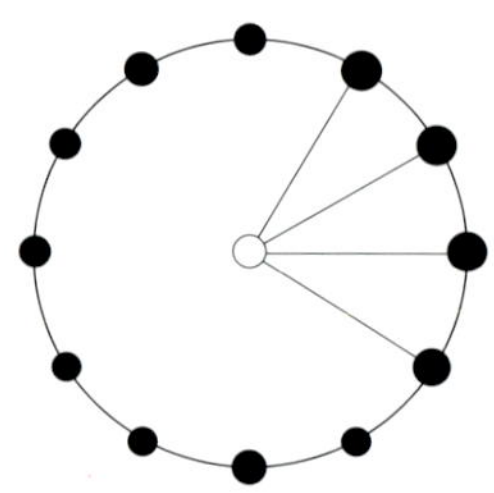

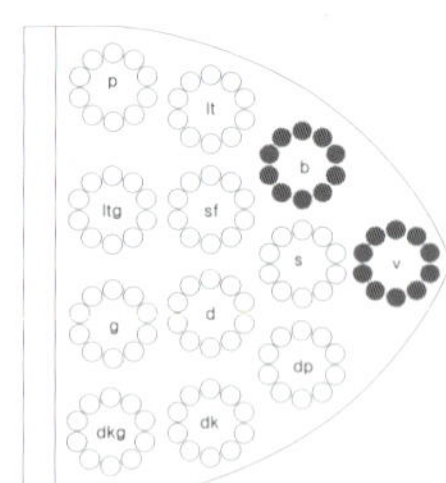

7) 그라데이션(gradation Color)

그라데이션이란 서서히 변하는 것, 단계적 변화란 의미. 색채의 계조 있는 배열에 따라 시각적인 유목성을 주는 것을 그라데이션 효과라 하고 3색 이상의 다색 배색에서 이러한 효과를 나타낸 배색이다.

(1) 색상의 그라데이션

① 명도의 그라데이션

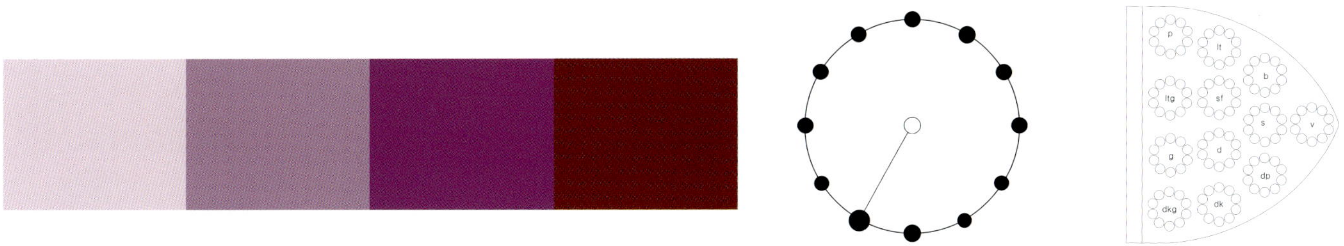

② 채도의 그라데이션

③ 톤의 그라데이션

8) 톤온톤 배색(Tone on Tone)

동일 색상에서 톤을 변화시키는 배색. 자연스러운 느낌으로 보이는 색상의 흐름을 「색상의 자연스러운 순열」이라고 한다. 이것을 응용한 배색이 「내추럴 배색」이다.

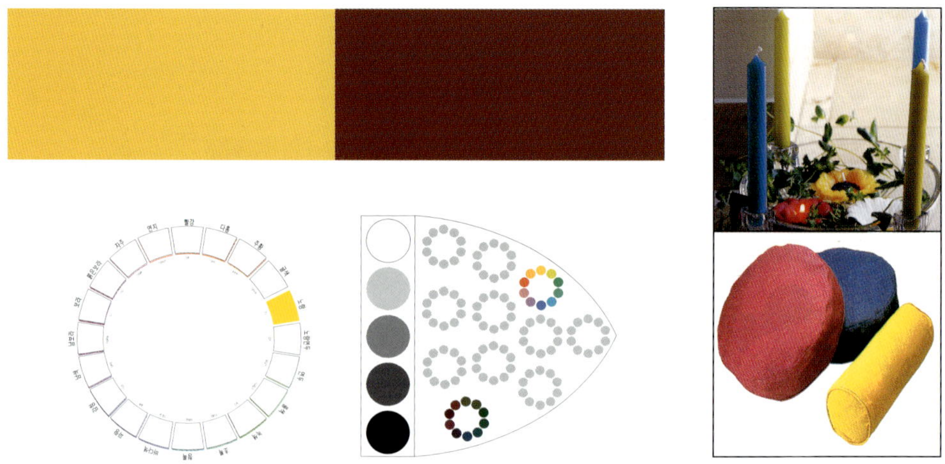

9) 톤인톤 배색(Tone in Tone)

동일한 톤이나 유사 톤 관계에 있는 톤을 일정하게 하면서 색상을 다르게 하는 배색을 말한다. 부드럽고 온화한 효과를 낼 수 있으며 까마이외, 포까마이외, 토널 배색 등도 같은 배색 기법이다.

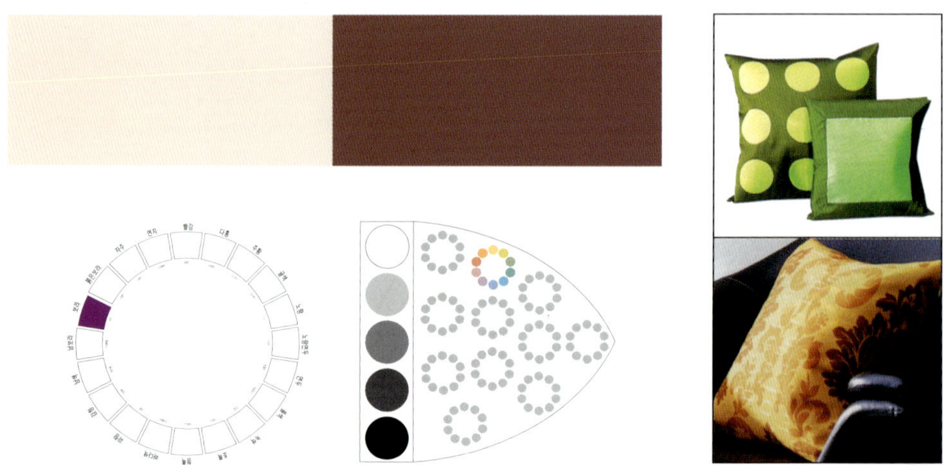

10) 토널(Tonal) 배색

중명도 중채도인 덜톤(d)을 기본톤으로 사용한 톤인톤 배색을 토널배색이라고 한다. 토널이란, 영어에서는 '톤의'란 뜻으로 원래 이름은 미국의 색채 학자 파버 비렌이 탁색계를 「톤」이라고 부르고 있었던 것에서 유래된다. 또한 그는 중간색(탁색)을 톤, 청색계를 'tint, 틴트', 암청색계를 'shade, 쉐이드'이라고 명칭했다. d, ltg, g, sf톤을 중심으로 배색한다.

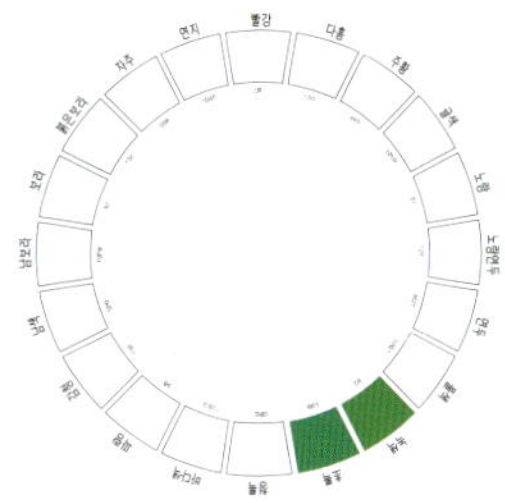

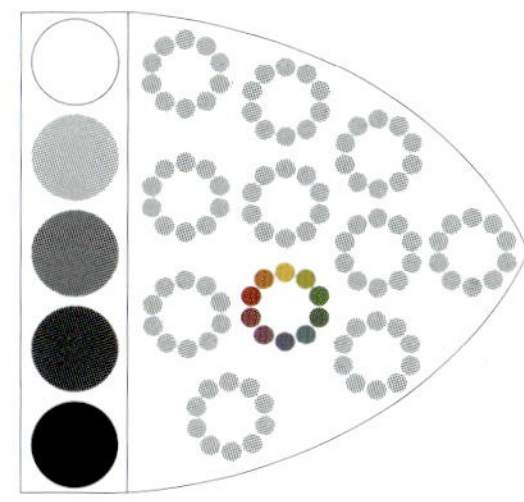

11) 까마이외(Camaieu) 배색

까마이외란 하나의 색에 몇 종류의 색조를 변화시켜 그리는 단채(單彩)화법을 말하며, 서양회화기법의 프랑스어 용어이다. 프랑스 현지에서는 톤 온 톤과의 구별이 확실하지 않으며 뉘앙스로서는 그라데이션 톤 변화를 가지는 동계색상 배색이라고 본다. 일본에서는 '미묘한 톤 변화를 수반하는 동일 색상의 배색'이라고 여겨지고 있으며, '거의 변화가 없는'이란 어느 정도의 차이를 가리키는지는 개인의 감각에 의존한다.

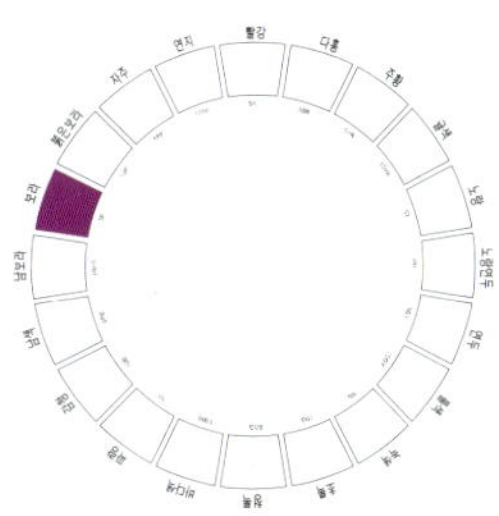

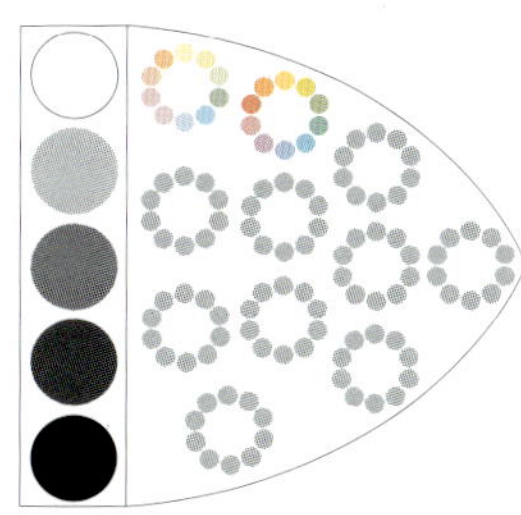

12) 포까마이외(Faux Camaieu) 배색

포(faux)라는 말은, 프랑스어로 '모조품, 가짜'라는 의미이다. 까마이외 배색이 거의 동일 색상의 톤 배색으로 하나의 색에 가깝게 보일 정도의 색차가 미묘한 배색인데 비해 색상과 톤에 약간의 변화를 주어 까마이외 배색보다 색상에서 더 미묘한 차이를 느끼게 하는 배색 기법이다.

13) 트리콜로레(Tricolore) 배색

트리는 3 콜로레는 색을 의미하는 라틴어 어원의 말이다. 영어에서는 '트라이 칼라(tricolor, 3색배색)'이라고 하고, 일반적으로 프랑스 국기의 3색배색을 가리키는 말로서 사용되는 것이 많다. 3가지 색의 색상이나 톤의 조합으로 명쾌한 콘트라스트가 표현되는 점이 특징이다.

14) 비콜로레(Bicolore) 배색

2색 배색이며, 흰색과 명확한 2색(흰색과 적색, 흰색과 청색 등)으로 된 배색이다. 대비감이 강하고 활동적인 인상을 준다. 흔히 스포츠용품 등에서 쉽게 볼 수 있다.

6 색채 계획

1. 색채 계획의 필요성

색채계획을 세우는데는 여러가지 디자인 분야에 따라 조금씩 순서가 바뀌거나 중요도나 작업 내용이 달라지는 경우가 있다. 여기서는 기본으로 공통되는 부분을 공부하며 자기 분야에 맞게 응용하여 실습을 하길 바란다.

1) 기본적 색채계획의 순서

목 적	가장 먼저 해야 할 작업으로 먼저 주어진 디자인의 컨셉(concept)을 이해하고 정하여 플로어 작성하기 위해서이다.
↓ 색채조사, 자료수집	색채 계획을 시작하기 전에 색채계획의 대상에 관한 관련정보를 수집해둔다.
↓ 컨셉 결정	설계의도, 색채조사 분석, 시장조사 분석, 목적, 방향성을 전체적으로 검토 분석하여 명확하게 컨셉을 결정해 둔다.
↓ 디자인 안 작성 컬러 결정	색채 디자인안을 작성하고 시뮬레이션으로 기본적인 주조색, 보조색, 강조색을 선정해둔다.
↓ 평가 및 분석	디자인 안으로 작성된 컬러색을 다시 한번 일반 사람들 및 사용대상자를 대상으로 인상 및 지명도를 재평가하며, 이때 SD법을 사용한다.
↓ 확 정	위의 과정을 거쳐 확정된 컬러를 최종안으로 결정한다.
↓ 색채 관련	최종안을 색채 완성표를 작성 후 실제 측색기를 통해 기록을 해둔 각종 표색계로 색을 선정 후 제품일 경우 중간 테스트 및 출시색을 다시 한번 관리 후 새로운 상품 개발을 위해 색채관리를 철저히 해 둔다.

2) 컬러 이미지 스케일

일본의 1966년 설립된 일본색채 디자인 연구소 소장인 고바야시 시게노부 선생이 연구개발한 컬러 이미지 스케일(Color Image Scale)은 단색이미지 스케일, 언어 이미지 스케일 등 색채를 분류하는데 큰 도움을 준다. 이 시스템은 세로축과 가로축을 사각형 공간에 색과 이미지를 등가적으로 배치, 각각의 색을 판단 비교할수 있으며, 색을 전략적으로 사용하는데 지금까지도 프레젠테이션에 많이 사용되어지고 있다.

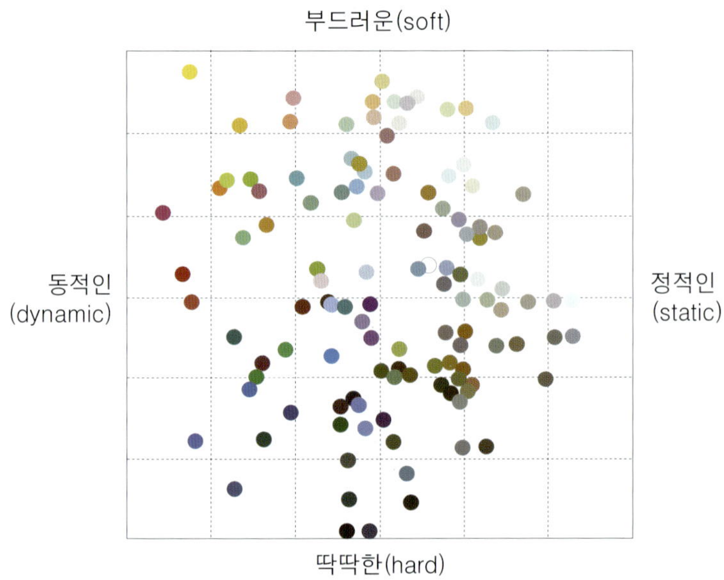

단색이미지 공간

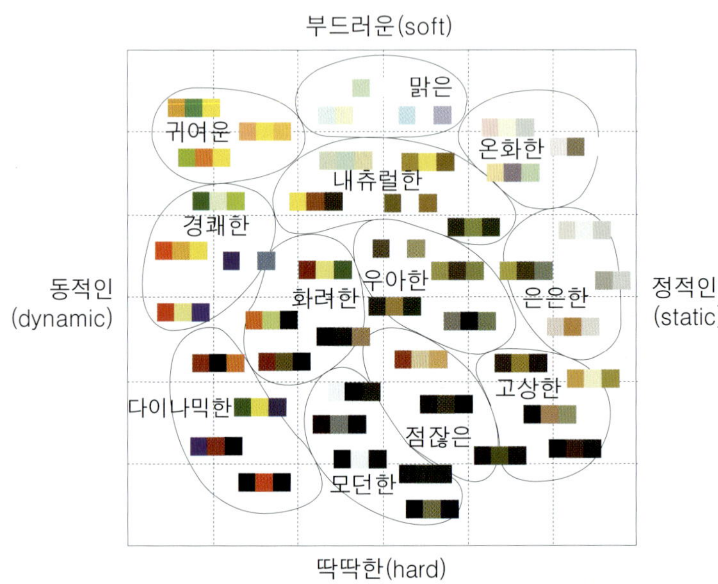

배색이미지 공간

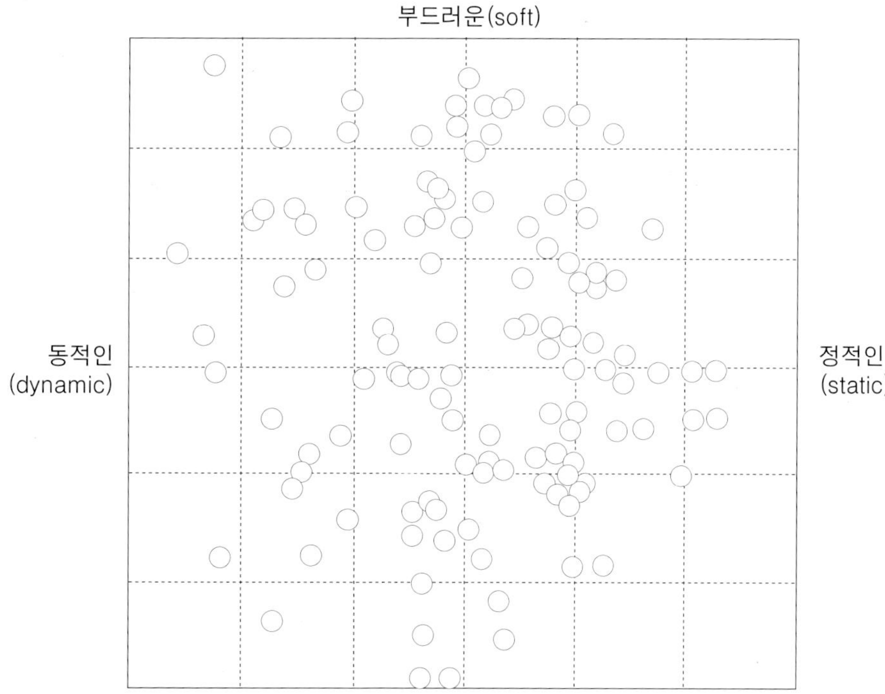

단색이미지 공간

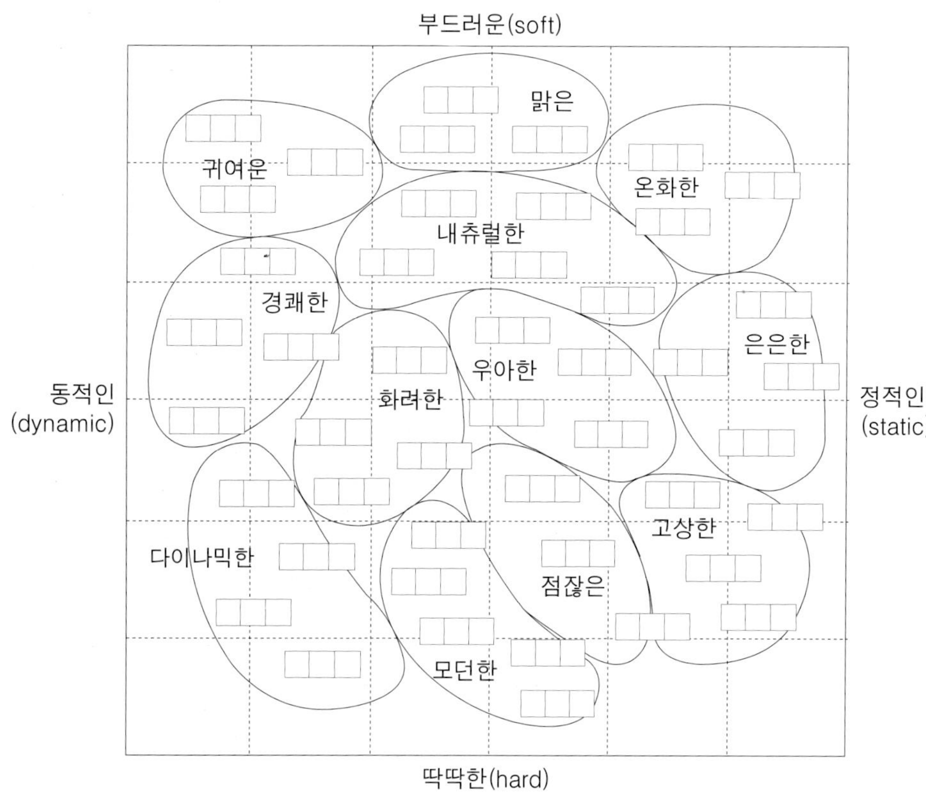

배색이미지 공간

3) 미용 디자인의 색채 계획 색채 디자인 연습

(1) 주제에 맞게 색채 디자인을 하시오.

■ 주제 : 웨딩 메이크업

20대 여성으로 발랄하고 귀여운 신부의 이미지로 색채디자인을 하시오.

① 배색 의도

____

____

____

② 주조색, 보조색, 강조색 선정

색채 계획에 사용할 주조색, 보조색, 강조색을 10색 내외에서 선정하여 다음 빈칸을 부착하시오(남은 칸은 공란으로 할 것).

주, 보, 강	주, 보, 강	주, 보, 강	주, 보, 강	주, 보, 강	주, 보, 강	주, 보, 강	주, 보, 강	주, 보, 강	주, 보, 강

※ 각색이 사용되는 항목에 ○표시를 할것(주=주조색, 보=보조색, 강=강조색)

③ 주조색, 보조색, 강조색 선정

• 주조색 선정기준

____

____

• 보조색 선정기준

____

____

• 강조색 선정기준

____

____

④ 면적 비례표

색채계획에 사용되는 주조색, 보조색, 강조색의 사용면적을 비율작성하시오.

앞장의 색채계획에서 선정한 색을 도면 위에 색채 디자인 하시오.
(단 배색표현이 어렵거나 색을 칠하기 어려운 부분일 경우에는 스케치 도면 밖으로 지시선을 긋고 20mm ×20mm의 색견분을 붙여 넣으시오)

※ 색채 계획의도에 따라 각 요소들을 부분적을 생략, 수정, 추가하여 실시 할 수 있다

4) 유행색

패션이나 미용분야에서 유행색이란 민감한 요소 중에 하나라고 할 수 있다. 패션색을 구성하는 색으로는 기본색과 유행색이 있으며, 기본색이란 트랜드의 변화에 영향을 크게 받지 않는 색으로 시간의 흐름과 관계없이 지속적인 판매율을 예상하고 색을 말하고, 유행색이란 시대의 흐름에 따라 각각 과거, 현재, 미래로 진행되어가는 색으로 각각 유행했던 색, 유행하고 있는 색, 유행할 색으로 분류되어진다.

색채정보를 중심으로 정보를 수신 발신하는 국제기관이 바로 인터컬러(Inttercolor : In-ternational Commissiom for Fashion and Textile Color Association) 국제 유행색 위원회가 있으며, 이 곳에서 매년 1월과 7월말에 협의회를 개최하여 이 위원회는 각국의 위원들이 준비한 제안색을 토대로 현재 시점에서 약 2년 후의 색채 방향을 분석한 S/S , F/W의 두 분기로 인터 컬러를 선정하여 정보를 발신하고 있다. 각 나라의 유행색 관련 기관에서는 인터컬러가 발신한 유행색과 함께 자국의 시장에 맞게 유행색을 조정하여 활용하고 있다. 이에 컬러 마케팅을 할 때 기본적 색채학적 지식과 더불어 유행색을 참고하여 컬러 마케팅을 했을 경우 만족스러운 결과를 얻을 수 있다.

(1) 유행색의 흐름

2년전	국제 유행색 협회(Lnter Color) 선정색 컬러 선정에 앞서서 세계 각국의 대표가 각국의 컬러의 동향과 정치상황, 문화적 이벤트, 환경 등의 사회적인 현상 등이 색채에 미치는 여러가지 배경을 조사한다.
1년전	컬러&패션 트랜드 센터(CET)에서 정보 발산

7 실용 색채 활용

1. 색조의 이해
2. 패션이미지

1. 색조(Tone)의 이해

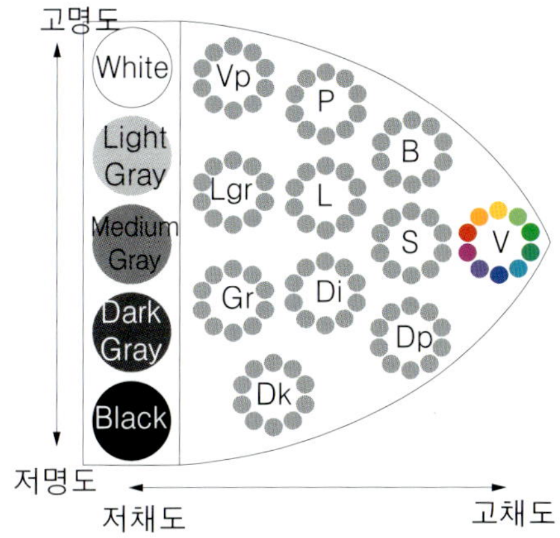

1) 비비드(Vivid)

원색의 선명한 색으로 10색상환의 기본색이다. 비비드톤(Vivid tone)은 중명도의 고채도 색조로 강렬하고 선명하여 활동적이고 자극적이며 화려한 이미지를 주고, 가시성이 높아 대중적인 이미지에 많이 활용되는 색조이다. 특히 기업의 CI이나 BI 이미지에 많이 사용하는 색조로 멀리에서도 잘 보이는 시인성이 높은 색이기에 마케팅에서 주로 활용된다. 주요 이미지는 스포티, 캐쥬얼, 다이나믹 이미지에 많이 활용되는 색조로 역동적이고 활동적인 이미지표현에 활용되는 색조이다.

● 다음 아래에 번호대로 색종이를 잘라서 부착하시오.

비비드톤(Vivie tone)

V_1	5R 4/16
V_2	5YR 6.5/14
V_3	5Y 8/12
V_4	5GY 7/11
V_5	5G 5/11
V_6	5BR 4/9
V_7	5B 4/9
V_8	5PR 4/12
V_9	5P 3/11
V_{10}	5RP 4.5/13

2) 스트롱(Strong)

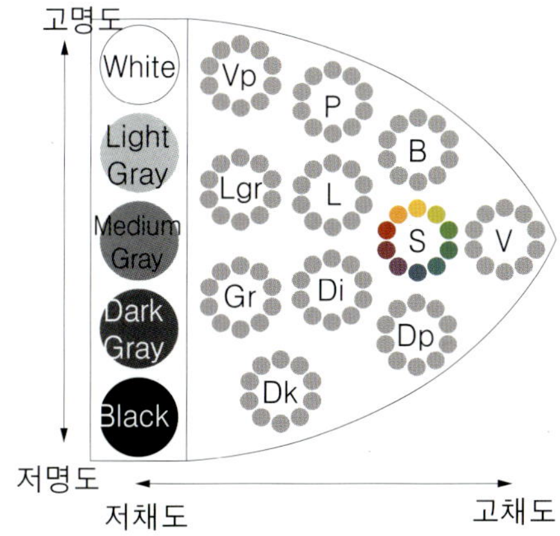

비비드톤보다 채도가 조금 낮은 색조로 명도는 동일하지만 차분하고 가라앉는 짙은 색조이다. 선명하기보다는 강한 이미지를 지니고 있어 강렬하고 다이나믹하게 표현할 때 활용하는 톤으로 스포츠나 역동적인 이미지에 적합하다. 또한 색감이 풍부한 민속풍의 원색에서 느껴지는 화려한 이미지를 주고자 할 때 사용한다.

● 다음 아래에 번호대로 색종이를 잘라서 부착하시오.

스트롱톤(Strong tone)

S_1	5R 4.5/12
S_2	5YR 6/10
S_3	5Y 7/10
S_4	5GY 6.5/9
S_5	5G 5.5/9
S_6	5BR 5/8
S_7	5B 5/8
S_8	5PR 5/10
S_9	5P 3.5/10
S_{10}	5RP 5/10

3) 브라이트(Bright)

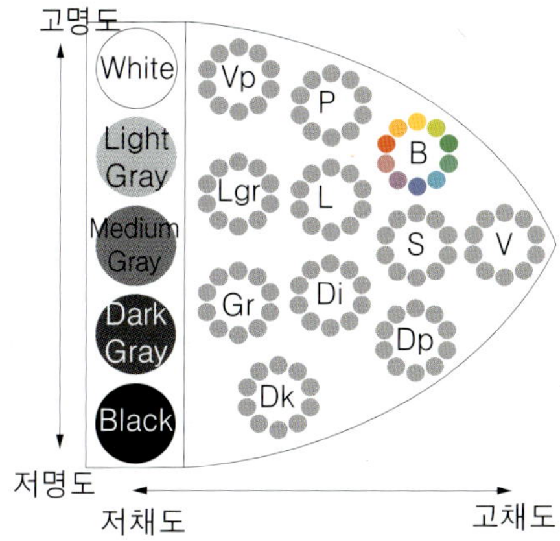

비비드톤에 비해 명도가 높아 밝고 맑은 색조이다. 페일톤보다는 채도가 높아 젊고 발랄한 이미지에 적합하다. 유아나 아동의 귀엽고 캐쥬얼한 느낌에 주로 활용된다. 선명하고 강한 원색인 비비드톤에 비해 가벼우면서 선명하고 맑은 이미지를 표현할 때 주로 사용하면 효과적이다.

다음 아래에 번호대로 색종이를 잘라서 부착하시오.

브라이트톤(Bright tone)

B_{21}	5R 7/8
B_{22}	5YR 8/6
B_{23}	5Y 9/9
B_{24}	5GY 8.5/9
B_{25}	5G 7.5/9
B_{26}	5BR 7/8
B_{27}	5B 7/7
B_{28}	5PR 7/7
B_{29}	5P 7/8
B_{62}	5RP 7/8

4) 페일(Pale)

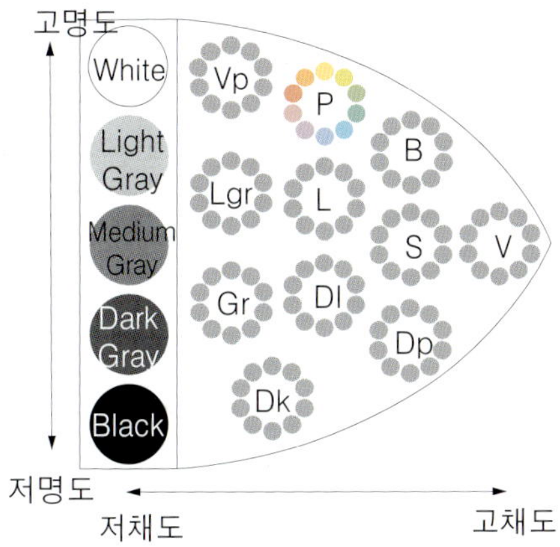

페일톤은 명도가 더 밝은 색조로 부드럽고 가벼운 색조이다. 주로 파스텔 톤으로 여성스럽고 맑은 이미지를 표현하는데 활용된다. 로맨틱하고 프리티한 이미지나 마일드한 이미지에 흐리지 않은 맑은 이미지로 여성이나 아동들의 관련 상품에 활용되는 색조이다.

다음 아래에 번호대로 색종이를 잘라서 부착하시오.

페일톤(Pale tone)

P_{31}	5R 8/4
P_{32}	5YR 8.5/4
P_{33}	5Y 8.5/4
P_{34}	5GY 6.5/4
P_{35}	5G 8/4
P_{36}	5BR 8/4
P_{37}	5B 8/4
P_{38}	5PR 8/4
P_{39}	5P 8/4
P_{40}	5RP 8/4

5) 베리 페일(Very pale)

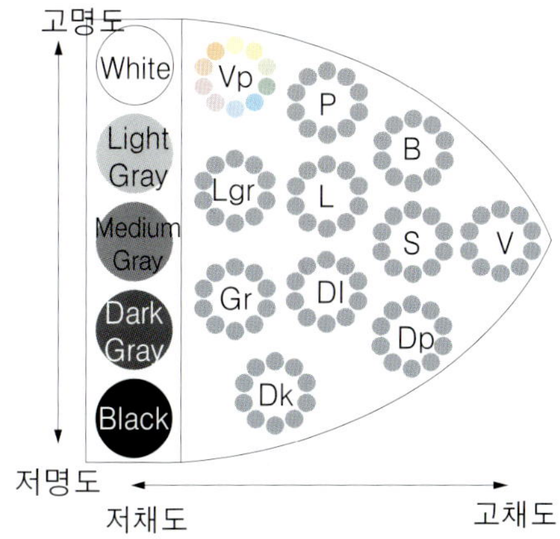

가장 밝은 색조이며 고명도의 저채도이다. 흰색이 주를 이루는 연한 색조로 부드러움보다 깨끗하고 연한 클리어한 이미지를 지니고 있다. 가장 밝은 색조이지만 차갑고 섬세한 이미지를 지니고 있어 어두운 다크톤과의 배색을 통해 딱딱하고 경직된 배색을 하는 색조이기도 한다. 전체적인 이미지는 어린아이와 같이 순수하고 맑고 연약한 이미지를 주므로 가벼운 이미지나 깨끗한 이미지를 주고자 할 때 활용된다.

다음 아래에 번호대로 색종이를 잘라서 부착하시오.

베리 페일톤(Very pale tone)

Vp_{41}	5R 9/2
Vp_{42}	5YR 9/2
Vp_{43}	5Y 9/2
Vp_{44}	5GY 9/2
Vp_{45}	5G 9/2
Vp_{46}	5BR 9/2
Vp_{47}	5B 9/2
Vp_{48}	5PR 9/2
Vp_{49}	5P 9/2
Vp_{50}	5RP 9/2

6) 라이트 그레이쉬(Light grayish)

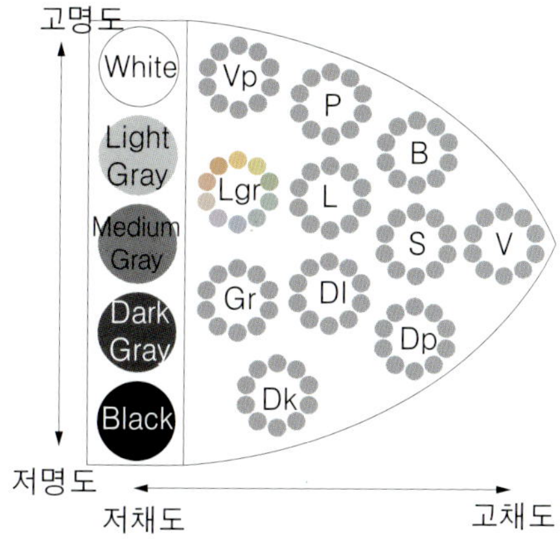

베리 페일톤에 회색이 가미되어 탁하고 흐린 이미지를 지니고 있는 색조이다. 은은하고 수수한 이미지나 심플한 시크나 자연스럽고 안정된 내츄럴한 이미지에 적합한 색조로 은은하게 세련된 이미지를 표현하게 된다. 밝은 톤이지만 회색이 가마되어 안정감과 편안함을 주기에 인테리어나 실내디자인 소재에 활용되고 스킨 컬러에 주로 활용되는 색조이다.

● 다음 아래에 번호대로 색종이를 잘라서 부착하시오.

라이트 그레이쉬톤(Light grayish tone)

Lgr_{51}	5R 7/2
Lgr_{52}	5YR 7/2
Lgr_{53}	5Y 7/2
Lgr_{54}	5GY 7/2
Lgr_{55}	5G 7/2
Lgr_{56}	5BR 7/2
Lgr_{57}	5B 7/2
Lgr_{58}	5PR 7/2
Lgr_{59}	5P 7/2
Lgr_{60}	5RP 7/2

7) 라이트(Light)

라이트 그레이쉬 톤보다 채도가 높아 색상이 느껴지고, 중명도 중채도로 은은하고 수수한 색조이다. 내츄럴한 이미지나 은은하고 온화한 이미지에 주로 활용되는 색조이다. 그레이쉬톤, 라이트 그레이쉬 톤과 비교하면 채도가 높아 탁함이 덜하고 온화한 이미지가 강하다. 라이트톤은 차분하고 편안한 색조로 일상생활이나 공간 색채에서 많이 활용되는 색조이다.

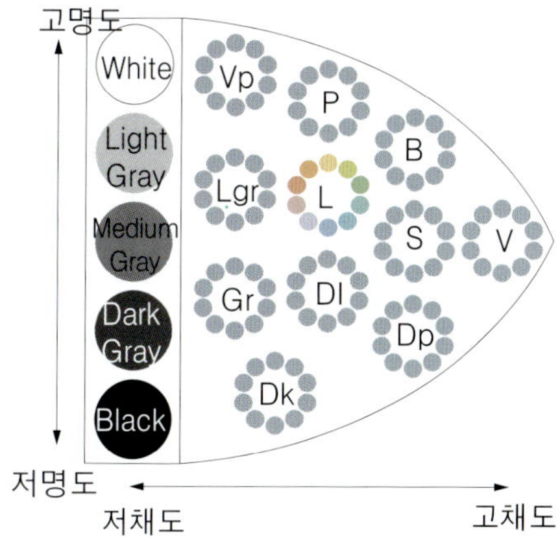

다음 아래에 번호대로 색종이를 잘라서 부착하시오.

라이트톤(Light tone)

L_{61}	5R 6/7
L_{62}	5YR 6/6
L_{63}	5Y 6.5/6
L_{64}	5GY 6.5/6
L_{65}	5G 6.5/5
L_{66}	5BR 6/5
L_{67}	5B 6/5
L_{68}	5PR 6/5
L_{69}	5P 6/6
L_{70}	5RP 6/6

8) 그레이쉬(Grayish)

라이트 그레이쉬 톤에 비해 명도가 낮은 중명도로 탁한 색조이다. 회색의 탁한 색조로 차분하고 수수한 이미지를 주어 낡은 듯한 자연스러움도 있지만 회색 도시의 쉬크한 이미지로 정적인 표현에 효과적인 색조이다. 그레이쉬톤은 색감이 없고 탁한 색으로 지루하고 답답하게 느낄 수 있으므로 적절한 명도대비를 통해 변화를 준다.

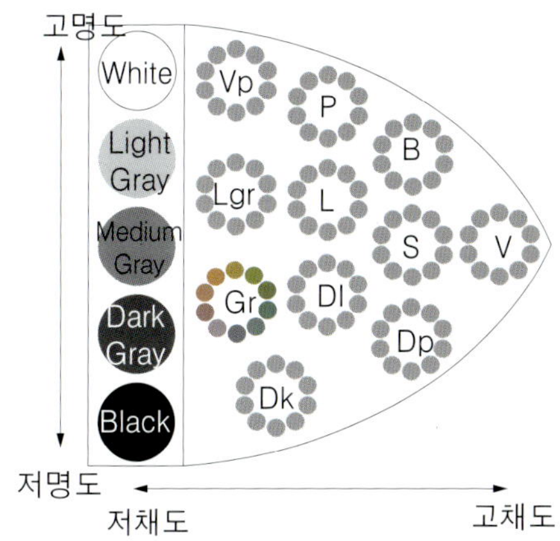

다음 아래에 번호대로 색종이를 잘라서 부착하시오.

그레이쉬톤(Grayish tone)

Gr_{71}	5R 5/2
Gr_{72}	5YR 5/2
Gr_{73}	5Y 5/2
Gr_{74}	5GY 5/2
Gr_{75}	5G 5/2
Gr_{76}	5BR 5/2
Gr_{77}	5B 5/2
Gr_{78}	5PR 5/2
Gr_{79}	5P 5/2
Gr_{80}	5RP 5/2

9) 덜(Dull)

어두운 톤에 덜, 딥, 다크 톤이 있으며 이 중 덜톤은 비교적 회색이 가미되어 차분하지만 둔한 색조이다. 저명도에 채도 역시 낮아 바랜듯하고 가라앉는 색조로 차분하고 격식있는 이미지나 오래된 가구, 자연소재의 고풍스러운 이미지를 지니고 있는 색조이다. 어두운 색조에서 무겁거나 딱딱함이 덜하여 노블하고 고상한 이미지에 주로 활용된다.

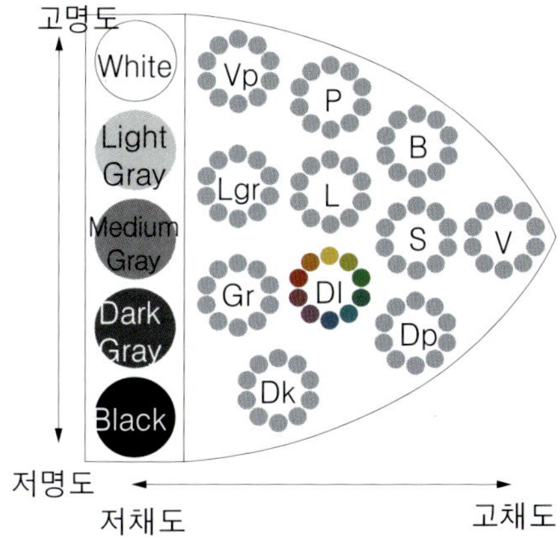

다음 아래에 번호대로 색종이를 잘라서 부착하시오.

덜톤(Dull tone)

Dl_{81}	5R 5/6
Dl_{82}	5YR 5/6
Dl_{83}	5Y 5/5
Dl_{84}	5GY 5/5
Dl_{85}	5G 5/5
Dl_{86}	5BR 4.5/5
Dl_{87}	5B 4.5/5
Dl_{88}	5PR 4.5/6
Dl_{89}	5P 4.5/6
Dl_{90}	5RP 4.5/6

10) 딥(Deep)

덜톤에 비해 채도가 높아 어두운 색조에서 가장 색감이 풍부한 색조이다. 명도는 저명도이고 채도가 높아 진한 색이지만 강한 느낌을 주기에 깊이 있고 풍부한 이미지로 고저스나 클래식한 이미지를 표현할 때 사용하면 효과적이다. 가을 깊이감과 안정감으로 견고한 이미지를 통해 앤틱하고 에스닉한 이미지를 느낄 수 있는 색조이다.

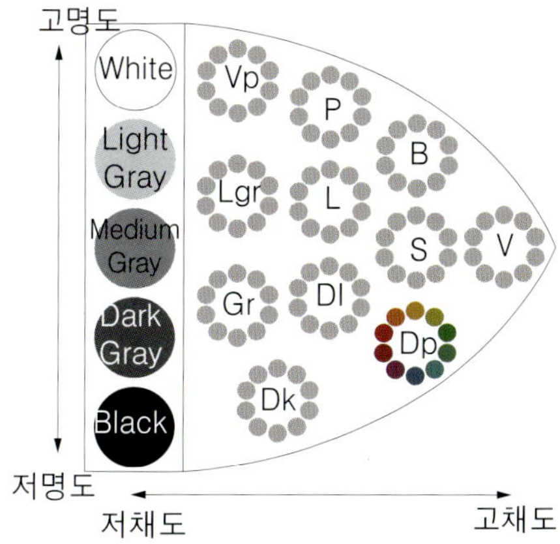

다음 아래에 번호대로 색종이를 잘라서 부착하시오.

딥톤(Deep tone)

Dp_{91}	5R 4/8
Dp_{92}	5YR 4/7
Dp_{93}	5Y 4/5
Dp_{94}	5GY 4/6
Dp_{95}	5G 3.5/7
Dp_{96}	5BR 3/8
Dp_{97}	5B 3/8
Dp_{98}	5PR 3/8
Dp_{99}	5P 2.5/7
Dp_{100}	5RP 3/8

11) 다크(Dark)

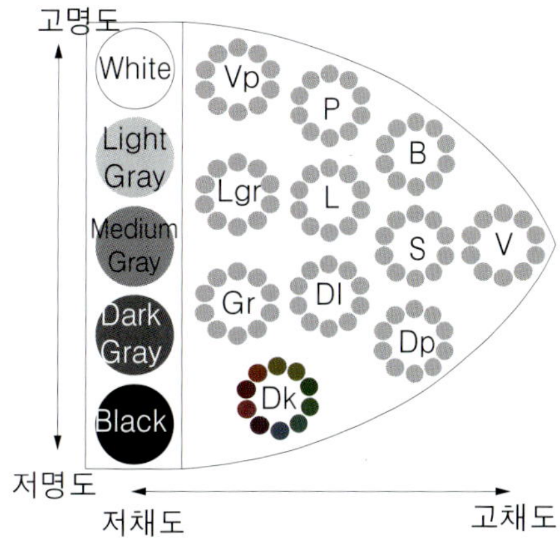

가장 어두운 색조로 저명도, 저채도의 어둡고 무거운 느낌의 이미지를 지닌다. 검정이 많이 혼색되어 딱딱하고 견고한 색조로 남성적 이미지나 모던한 이미지에 적합하다. 베리 페일톤과 같이 색상이 잘 느껴지지 않아 색상을 통해 표현하는 것이 아니라 채도나 명도를 어둡고 무게감 있게 표현할 때 주로 활용하는 색조이다.

● 다음 아래에 번호대로 색종이를 잘라서 부착하시오.

다크톤(Dark tone)

Dk_{101}	5R 3/2
Dk_{102}	5YR 3/2
Dk_{103}	5Y 3/2
Dk_{104}	5GY 3/2
Dk_{105}	5G 3/2
Dk_{106}	5BR 3/2
Dk_{107}	5B 2.5/3
Dk_{108}	5PR 2.5/4
Dk_{109}	5P 2.5/4
Dk_{110}	5RP 2.5/4

2. 패션 이미지

1) 내츄럴(Natural) 이미지

내츄럴(Natural)은 '자연의, 천연의' 의미로 천연소재의 자연미와 편안한 실루엣을 통해 인위적이지 않은 자연스럽고 친근한 이미지이다. 내츄럴 색상은 밝고 부드러운 톤이 많다. 베이지 계열이나 브라운, 그린, 카키 등 중채도의 라이트 그레이쉬톤과 덜톤의 색으로 톤의 차이가 크지 않은 톤인 톤 배색을 한다. 20세기에 들어 더욱 부각되는 친환경주의에 입각한 트랜드로 의상은 인위적이고 형식적인 이미지를 배제한 부드러운 천연소재의 면, 마, 울 등을 사용하여 색상의 대비가 크지 않는 잔잔한 무늬 등으로 변화를 준다. 자연친화적인 에콜로지 룩(Ecology look)이 포함된다.

◈이미지 배색 실습

※ 스크랩하여 정리해보세요.

※ 스크랩한 이미지 자료를 활용하여 다양한 이미지를 표현하시오.

• 3색 배색

색상
색조
배색기법

색상
색조
배색기법

• 5색 배색

색상
색조
배색기법

2) 로맨틱(Romantic) 이미지

로맨틱이란 '비현실적, 공상적' 의미로 환상적인 분위기와 소녀적 취향의 이미지이며 기능성보다 장식적인 요소와 부드러운 질감이 주로 이룬다. 프릴이나 레이스를 사용하여 만든 프랑스 인형풍의 19세기 패션에서부터 영국의 전원풍에 이르기까지 우리를 꿈의 세계로 이끄는 소녀 취향의 영원한 패션테마가 로맨틱이다. 가볍고 부드러운 느낌과 감미로운 단맛을 느끼게 하는 색이 로맨틱 컬러라 할 수 있다. 색상은 가볍고 깨끗한 이미지의 페일톤과 라이트톤이 주를 이루고 주요색상이 달콤한 색인 핑크, 피치, 옐로우, 퍼플계열을 주로 사용한다. 의상은 부드러운 곡선을 강조한 디자인이 많으며 인체의 실루엣이 드러난 가볍고 부드러운 광택의 소재가 좋다. 풍성한 주름과 레이스 장식, 코르사쥬, 리본 등의 소품으로 뒤엽고 사란스런운 이미지를 연출한다.

◈이미지 배색 실습

※ 스크랩하여 정리해보세요.

※ 스크랩한 이미지 자료를 활용하여 다양한 이미지를 표현하시오.

• 3색 배색

색상
색조
배색기법

색상
색조
배색기법

• 5색 배색

색상
색조
배색기법

3) 매니쉬(Mannish) 이미지

세련된 남성의 수트 스타일로 클래식하고 중후한 멋을 가진 스타일로 사회활동이 활발해지면서 여성적인 나약함을 숨기고 독립성이 강한 이미지를 부각시킨 스타일이라고 볼 수 있다. 색상은 남성적인 이미지를 부각시키기 위해 블랙과 화이트를 기본으로 짙은 계열의 네이비계열로 그레이쉬톤과 딥톤을 주로 연출하였다. 매니쉬 이미지에는 댄디(Dandy), 머린(Marine), 밀리터리(Military) 패션이 포함된다. 남성스타일을 모방한 스타일로 중성적이며 섹시해 보인다. 드레스셔츠에 넥타이, 동일계열의 슈트, 베스트, 코트 등을 사용하여 통일감 있는 멋을 연출한다.

◈이미지 배색 실습

※ 스크랩하여 정리해보세요.

※ 스크랩한 이미지 자료를 활용하여 다양한 이미지를 표현하시오.

• 3색 배색

색상
색조
배색기법

색상
색조
배색기법

• 5색 배색

색상
색조
배색기법

4) 모던(Modern) 이미지

현대적인 감각의 패션트랜드로 미래지향적이고 도시적인 차가운 이미지와 지적인 여성의 이미지를 지니고 있다. 장식적이기 보다 심플하고 단색을 중심으로 미니멀적인 감각을 지닌 고급스러운 패션트랜드이다. 색상은 딥톤과 다크톤의 단색을 중심으로 최소한의 색상배합과 차가운 색으로 콘트라스트가 강한 배색을 통해 명확함과 도시적인 감각을 지닌다. 반면에 파격적이고 실험적인 이미지를 지니고 있어 현실적이기 보다 전위적인 면을 지니고 있다.

모던한 이미지를 연출하는데 있어 색채의 중요한 요소는 냉철함과 차가운 느낌이다. 인간미가 느껴지는 휴머니티한 컬러는 모던한 이미지에 부적합하다고 할 수 있다. 모던한 이미지에는 회색의 역할이 매우 크다. 유채색에 검정을 배색하면 포멀해 보이지만 유채색에 회색을 가미하면 색감이 탈색되어 보인다. 이러한 탈색된 색상과 검정색을 매치시키면 아주 모던해 보인다.

◈이미지 배색 실습

※ 스크랩하여 정리해보세요.

※ 스크랩한 이미지 자료를 활용하여 다양한 이미지를 표현하시오.

• 3색 배색

색상
색조
배색기법

색상
색조
배색기법

• 5색 배색

색상
색조
배색기법

5) 소피스트케이트(Sophistticate) 이미지

세련되고 심플한 도시적인 스타일로 전문직을 가진 현대 여성을 대변하는 스타일이다. 이지적인 면을 최대한 살리는 스타일로 심플하면서 여성스러움을 표출하는 패션 트랜드로 현대여성이 선호하는 비즈니스웨어를 대표하고 있다. 절제되면서도 단아한 이미지에 여성만이 지닌 섬세함이 내포된 스타일로 매니쉬 트랜드와는 구분된다. 색상은 시크한 이미지의 그레이 계열에 내추럴한 베이지, 중명도와 저채도의 퍼플계열에 무채색이 배색과 라이트 그레이쉬톤, 그레이쉬톤으로 세련미를 준다. 의상의 소재나 디자인도 절제된 감각으로 장식적인 요소는 없으며 소재 자체의 고급스러움과 매끄러운 실루엣으로 차별된 세련됨을 보여준다.

◈이미지 배색 실습

※ 스크랩하여 정리해보세요.

※ 스크랩한 이미지 자료를 활용하여 다양한 이미지를 표현하시오.

- 3색 배색

색상
색조
배색기법

색상
색조
배색기법

- 5색 배색

색상
색조
배색기법

6) 캐쥬얼(Casual) 이미지

활동적인 캐쥬얼과 스포츠웨어를 주축으로 건강과 레저를 위한 스타일과 기능성이 요구되는 대중적이 패션트랜드이다. 젊은 감각에 맞게 디자인이나 색상이 밝고 선명한 것이 특징이다. 색상은 야외에서 주로 활동하고 편안한 스타일이기에 운동감을 지닌 원색의 선명한 색으로 브라이트, 비비드, 스트롱톤이 주를 이룬다. 선명하고 강한 대비의 배색을 주로 활용한다. 클리어한 모노-크로매틱(Mono-chromatic)컬러나 인공적인 색채를 활용하여 가볍고 유쾌한 이미지를 지니고 있는 동적인 스타일이다.

T(time), P(place), O(occas ion) 의 제약에서 벗어나 자유롭게 입을 수 있고 남의 시선을 의식할 필요가 없는 것이 스포츠 캐주얼 이다. 디자인, 색상, 소재, 스타일 등 모든 분야에서 자유롭고 밝고 건강한 이미지를 대표한다. 스포츠 캐주얼의 이미지를 극대화시키는 색은 주로 '비비드 톤'이다. 즉 원색에 의한 배색으로 파격적인 분위기가 그 특징이다.

◈이미지 배색 실습

※ 스크랩하여 정리해보세요.

※ 스크랩한 이미지 자료를 활용하여 다양한 이미지를 표현하시오.

- 3색 배색

색상
색조
배색기법

색상
색조
배색기법

- 5색 배색

색상
색조
배색기법

7) 에스닉(Ethnic) 이미지

'민속적인', '민속' 등의 뜻으로 자연스럽고 토속적이며 소박한 이국적인 스타일이다. 자연과 문화의 융합으로 민속적 문양과 색상을 활용하는 트랜드 이다. 각 민족의 자연스럽고 소박한 향토적인 색상에서 민속풍의 화려한 색상까지 다양하게 표현한다. 천연염료에 의한 자연스러운 색상과 강한 톤의 레드, 오렌지, 퍼플과 내츄럴한 카키, 올리브그린, 브라운 계열로 배색한다. 색조는 스트롱 톤과 딥 톤이 주를 이룬다. 따뜻한 색의 원색과 그린계열과의 조화가 주를 이룬다. 디자인 소재와 무늬는 각 나라의 민속 의상과 문양 형태를 모티브로 사용하는 경향이 많다. 천연염색, 자수, 아플리케, 페치워크 등 장식적인 문양 등을 활용한다.

◈이미지 배색 실습

※ 스크랩하여 정리해보세요.

※ 스크랩한 이미지 자료를 활용하여 다양한 이미지를 표현하시오.

• 3색 배색

색상
색조
배색기법

색상
색조
배색기법

• 5색 배색

색상
색조
배색기법

8) 엘레강스(Elegance) 이미지

우아한 여성다움을 강조하며 고급스럽고 기품있는 이미지를 나타낸다. 주로 부드러운 색상을 많이 사용한다. 여성의 인체곡선의 실루엣을 잘 살리면서 우아하고 고상한 이미지를 지니고 있다. 성숙한 여성의 이미지에 맞는 실루엣과 여성의 기품있는 고급스러움을 주기 위해 깊이 있고 차분한 색상을 주로 활용한다.

가장 여성스럽고 성숙한 이미지를 줄 수 있는 퍼플계열과 와인계열, 베이지계열 등으로 색상이 차분하면서 화려한 배색의 패션 트랜드이다.

색조는 라이트톤, 페일톤, 덜톤이 주를 이룬다. 페일톤에 의한 배색은 어떠한 색이라도 우아한 조화를 이루며, 특히 페일톤에 흰색을 가미하면 우아한 느낌이 더해진다. 의상은 인체의 곡선을 살린 디자인으로 치마 정장이 기본으로 둥근 어깨, 가슴, 허리 등을 우아하게 표현한다.

◈이미지 배색 실습

※ 스크랩하여 정리해보세요.

※ 스크랩한 이미지 자료를 활용하여 다양한 이미지를 표현하시오.

• 3색 배색

색상
색조
배색기법

색상
색조
배색기법

• 5색 배색

색상
색조
배색기법

9) 클래식(Classic) 이미지

'고전적' 또는 '전통적'이라는 의미가 강하며, 유행에 좌우되지 않고 시대를 초월한 가치와 보편성을 가진 스타일이다. 색상은 차분하고 안정감 있는 전통미를 지닌 브라운 계열과 와인, 다크 그린, 네이비, 그레이 등으로 베이지 계열이나 그레이 퍼플계열, 골드계열이 가미되어 럭셔리함을 더해준다. 색조는 다크 그레이톤, 딥톤, 다크톤이 주를 이룬다. 다크톤이나 덜톤은 중량감을 느끼게 하는 색으로 색감이 노숙해 보이므로 표정을 밝게 표현하고 싶을 때는 딥톤의 액센트 컬러를 사용하는 것이 좋다.

의상은 테일러드 수트나 승마복, 가디건, 샤넬수트 등과 같이 오랫동안 지속되어 온 정통적인 스타일적 이미지이다. 소재는 벨벳, 트위드(Tweed), 울 등이 적당하며 색상대비가 약한 체크, 스트라이프를 활용한다.

◈이미지 배색 실습

※ 스크랩하여 정리해보세요.

※ 스크랩한 이미지 자료를 활용하여 다양한 이미지를 표현하시오.

• 3색 배색

색상
색조
배색기법

색상
색조
배색기법

• 5색 배색

색상
색조
배색기법

10) 프리티(Pretty) 이미지

어린소녀와 같이 순수하고 귀엽고 사랑스러우며 달콤한 이미지이다. 여성스러움 중에서도 앙증맞은 귀여움이 강조되며 나이보다 어려 보인다. 밝고 선명한 톤의 오렌지, 옐로우, 옐로우 그린, 핑크, 퍼플 계열의 색상을 기본으로 같은 계열과 반대계열을 적절한 조화와 대비를 살려 경쾌하게 배색한다. 사랑스럽고 달콤한 느낌은 오렌지, 핑크, 퍼플 계열로 한다. 의상은 여성의 라인을 귀여운 감각으로 강조하고 곡선을 살리는 디자인이 많다. 상의의 허리는 꼭 맞게 하여 허리선을 귀엽게 강조하고 소매형태는 곡선으로 부풀린 블라우스가 좋다. 셔츠나 블라우스의 칼라도 직선형보다는 둥근형이 귀엽고 사랑스러운 이미지를 잘 표현한다. 부드러운 감촉의 레이스, 오간자, 저지 등의 소재와 꽃이나 물방울 등의 잔잔한 무늬가 좋고 리본이나 코르사쥬 등 장식으로 연출한다.

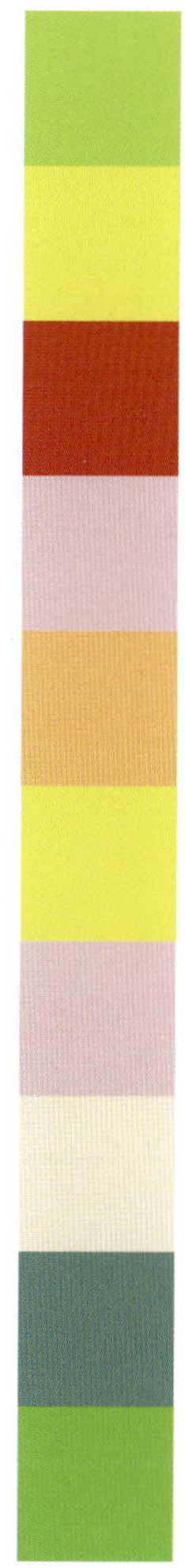

◈이미지 배색 실습

※ 스크랩하여 정리해보세요.

※ 스크랩한 이미지 자료를 활용하여 다양한 이미지를 표현하시오.

• 3색 배색

색상
색조
배색기법

색상
색조
배색기법

• 5색 배색

색상
색조
배색기법

11) 클리어(Clear) 이미지

단아하고 청순한 이미지이다. 가볍고 산뜻한 이미지를 주기 위해 라이트톤과 소프트톤의 그린 계열, 아쿠아 그린 계열, 옐로우, 블루, 따뜻한 그레이 등으로 유사배색을 한다. 하얀색과 맑은 남색, 연한 남색으로 무채색과 유채색을 배색한 깨끗하고 깔끔한 이미지를 연출할 수 있다.

전체적으로 심플하고 단아한 느낌을 주는 의상이 어울린다. 인체의 실루엣을 그대로 드러내지 않는 디자인으로 슈트의 칼라와 소매는 약간 둥근형이 좋으며 스커트도 장식적이지 않는 A라인이나 H라인이 좋다.

◈이미지 배색 실습

※ 스크랩하여 정리해보세요.

※ 스크랩한 이미지 자료를 활용하여 다양한 이미지를 표현하시오.

- 3색 배색

색상
색조
배색기법

색상
색조
배색기법

- 5색 배색

색상
색조
배색기법

12) 다이나믹(Dynamic) 이미지

리듬감을 연출하는 다이나믹은 매우 대담하고 생동감을 느끼게 하며, 화려한 이미지이다. 경쾌한 동적인 느낌으로 자신감과 젊음을 표현한다. 강하고 극단적인 대조를 이루는 배색으로 선명한 비비드톤의 레드, 마젠타, 블루, 퍼플, 블랙 등과 화이트, 골드 톤으로 확실한 액센트를 준다. 색의 조화나 배색이 자유롭고 명도, 채도의 대비가 크다.

의상은 인체의 실루엣을 과감하게 드러내는 매우 대담하고 창조적인 디자인이며 장식적인 요소가 많다. 소재는 고급스러운 새틴, 모피, 가죽, 레이스를 혼합하며, 추상적이며 기하학적인 무늬 등을 사용한다.

◆이미지 배색 실습

※ 스크랩하여 정리해보세요.

※ 스크랩한 이미지 자료를 활용하여 다양한 이미지를 표현하시오.

- 3색 배색

색상
색조
배색기법

색상
색조
배색기법

- 5색 배색

색상
색조
배색기법

8 퍼스널 칼라

1. 퍼스널 칼라의 개념
2. 퍼스널 칼라의 기본요소
3. 퍼스널 칼라 이미지에 따른 분류
4. 사계절 신체 색상 특징
5. 사계절유형에 따른 톤 분류
6. 퍼스널 칼라 진단 방법

Check

여러분은 자신에게 어울리는 색, 자신을 돋보이는 색을 알고 있나요?
어울리는 색을 입었을 때, 그 사람의 피부색이 생기있고 건강해보이며, 그 효과는 외면 뿐 아니라 내면적으로도 긍정적으로 작용한다는 것을 알게 되었습니다.
그럼 나만의 퍼스널 칼라를 찾아볼까요?

첫 인상의 느낌이 그 사람을 판단하고 기준이 되는 스피드 시대에 우리는 살고 있다. 흔히 합리적인 이성의 판단으로 행동이 결정된다고 여기지만, 실제 우리 인간은 감성적으로 접근하여 자신의 생각과 행동을 결정하는 일이 많다. 즉, 자신의 얼굴, 헤어스타일, 복장 등 남에게 보여지는 외모를 잘 연출하는 이른바 이미지 메이킹(image making)이 절실히 요구되는 시대에 살고 있다.

좋은 이미지는 어떤 한 부분에만 치중한다고 해서 완성되는 것은 아니다. 한 부분이 뛰어나다 하더라도 다른 부분들이 조화롭게 받쳐 주어야만 좋은 부분이 더욱 돋보이게 된다. 그러므로 자신에게 가장 잘 어울리는 외모와 자신의 직위 또는 상황에 어울리는 몸가짐, 매너, 말솜씨 모두가 조화롭게 균형을 이루었을 때 비로소 훌륭한 이미지가 연출된다.

특히 외모 이미지는 사람을 인지하고 수용하는 매우 중요한 요소로서 지각하는 사람에게 목표로 하는 대상에게 본인이 원하는 이미지를 전달하고자 하는 착용자의 관점에서 본 것이 이미지 창출, 이미지 관리, 인상관리이다.

이런 이미지 관리의 중요한 부분인 개인이 가지는 신체색을 분석하고 그에 어울리는

퍼스널 칼라를 선택하여 의상, 메이크업, 그리고 헤어스타일 연출에 활용함으로써 개인의 개성과 능력을 돋보이게 함으로써 성공적인 사회생활과 자기성취에 도움을 줄 것이다.

1. 퍼스널 칼라의 개념

금정미생(今井彌生)은 퍼스널 칼라를 개인의 색채, 인격적 색채로 이루어진다고 정의하였으며, 퍼스널리티가 주된 형성원인이라 하였다. 퍼스널리티는 그리스어의 프로소뽄(Prosopon)과 라틴어의 빼르소나(persona)를 어원으로 하고 있다. 이것은 그리스 로마의 연극에서 배우가 쓴 가면에서 온 말로서 타인에 보여지는 개인의 외관, 자신의 생활에 있어서 연기하고 있는 역할, 각자에 내재되어 있는 개인적 성질의 총체 또는 개성, 개인의 존엄성 4가지로 해석된다. 따라서 퍼스널 칼라는 사람의 각각 특징적인 색채표현에 의해 그 사람의 인격, 개성, 역할을 나타내는 지적기능을 갖는 중요한 영역이다. 퍼스널 칼라는 개인이 타고난 피부색과 머리카락색, 눈동자색에 나타나는 자연색으로 정의하였다. 퍼스널 칼라를 파악하여 그것과 조화되는 의복색을 선택하여 입음으로써 자신의 이미지를 돋보이게 할 수 있는 것이다. 또한 퍼스널 칼라는 유전적, 후천적, 사회환경의 영향을 받으며, 라이프 스타일, 커뮤니케이션에 있어서 중요한 역할을 하는 것으로 설명하였다.

퍼스널칼라 색채분석은 색채의 부조화와 조화의 원리에 기초로 두고 분석한 이론으로 모든 색을 사계절유형(four seasonal coloring type)으로 구분한다. 이론적 배경은 바우하우스의 화가 요하네스 익텐(Johannes Itten)이 1928년 그

의 학생을 지도하면서 개인이 쓰는 색상과 그들의 고유한 신체 피부 색상, 피부색, 눈동자색, 머리카락색이 사계절 색상과 관련되어 있다는 것을 처음 알아내면서 시작되었다. 요하네스 익텐은 사람의 얼굴 피부색과 일치하는 계절이미지 색을 비교 분석하였으며, 로버드 도어(Robert Dorr)는 1928년 배색의 조화와 부조화의 원리를 발견하면서 사람의 피부색은 따뜻한 색(yellow base)과 차가운 색(blue base) 두가지 기조 색상을 명백하게 지니고 있다고 하였다.

색채분석가, 메이크업 전문가인 버니스 켄트너(Bernice Kentner)는 1978년에 그의 저서 [Color Me a Season]에서 사람의 색(Human coling)과 히포크라테스의 성격이론(Personality Theory)과의 연관성을 밝혀냈고, 이러한 발견은 개인의 색채분석과 연관성이 있다고 했다. 성격은 인간내면의 감정과 행동을 반영하는 매우 개인적인 부분이며 색채 또한 인간의 감성을 반영하므로 색채분석시에 성격을 고려하는 것은 매우 중요한 요소라고 주장하였다.

1978년 Beauty Is Life을 설립한 이사벨 리드(Beatrix Isabel Lied)는 함부르크 대학에서 컬러디자인, 이미지 메이킹, 뷰티 메이크업, 퍼스널칼라 진단 방법 등을 교육하여 전문가를 양성 배출하였다. 피부색을 분석하여 계절 색상에 맞는 9가지 분석 색상천 및 색채 파레트 등 개발 퍼스널 컬러 진단도구를 독자적으로 개발, PCS방법을 도입하여 컬러진단 방법을 보다 세분화 시켰다. 1980년에 이르러 Caole Jackson은 그의 저서 'Color Me Beautiful'에서 퍼스털 칼라를 4계절로 분류하여 그에 어울리는 색채를 활용해야 한다고 했다. 1991년 그리스텔 부쉐(Cristel Buscher)가 쓴 칼라진단서적인 'Farb Beratung'에서는 색을 '친구 같은 색'으로 표현하였고, 계절 색상에 맞는 사계절 색상표 제시와 계절 피부타입 분석과 사계절 색상에 어울리는 패션, 메이크업, 헤어컬러, 소품 등 컬러진단을 구체적으로 세분화하여 설명하였다. 1983년 영국과 유럽의 칼라 컨설턴터 메리 스필런(Mary Spillane)과 크리스틴 설록(Christine Sherlock)이 함께 발간한 책에서는 사계절 타입을 세분화하여 12가지 타입으로 분류하였다. 오늘날 많은 사계절 칼라의 발전이 거듭되고 있으며 대중적으로 퍼스널 칼라진단을 통하여 개인에게 어울리는 칼라를 진단받고 생활 속에 많이 활용되고 있다.

2. 퍼스널 칼라의 기본요소

퍼스널 칼라는 피부색, 머리카락색, 눈동자색에 나타나는 자연색으로 정의할 수 있다. 칼라진단시 개인에게 어울리는 색채는 외모와 기분을 완전히 변화 시킬 뿐만아니라 잠재적이지만 개인의 분위기에 강한 영향을 미치므로 자신이 천성적으로 타고난 자연스러운 색을 찾아서 피부가 깨끗하고 윤기 있어 보이고, 머리카락은 반짝거리고, 눈동자는 빛나고, 치아는 희게 보이게 하여 효과적으로 옷을 입도록 타고난 신체의 색을 찾는 것이다. 자신에게 가장 잘 어울리는 색채는 한층 더 세련미를 더해준다. 피부색은 패션, 메이크업, 악세사리 등 사람이 입는 패션스타일 색상에 작용한다. 어떤 색이라도 자신의 피부색이 탁하고, 창백하고, 회색빛이 돌고 진흙같이 보이면 자기에게는 맞지 않는 색이다. 반면 적합한 색은 자기의 피부를 언제나 맑고, 윤기 나게 보이도록 한다.

이상으로 퍼스널 칼라를 결정하는 기본요소인 피부색, 머리카락색, 눈동자색의 세 가지 요소로 분류하여 설명하고자 한다.

1) 피부색

사람의 피부색은 인종, 성별, 개인차, 나이, 지역, 계절, 신체의 부위, 그리고 육체적인 건강상태나 스트레스 등의 정신적 건강상태에 따라 차이를 나타낸다. 피부색 결정에는 갈색(멜라민 색소), 황색(카로틴), 적색(헤모글로빈)이 중요한 인자로서 알려지고 있다. 피부의 빛깔은 진피표층의 모세혈관 내의 혈액의 빛깔과 표피 및 진피 내의 멜라민 색소에 의해서 결정되는데 표피층의 두께나 그 밖의 병적 색소의 출현에 의해 변한다. 헤모글로빈(hemoglobin)이 많으면 붉은색을 띠고, 적으면 창백하다. 정맥혈이 정체되면 청색을 띠거나 좀 검게 보인다. 표피의 멜라민이 증가하면 황색 내지 갈색으로 보인다. 또한 카로틴(Carotene)이 많으면 노란색을 띠게한다. 머리카락색은 변할 수 있지만 피부 색조는 성인이 되면 일생동안 고정된다. 인종에 관계없이 모든 인간 피부색의 기본 색상은 주황색 기미의 빨강에서 주황색기미의 노랑에 이르는 색상 범위에 있다.

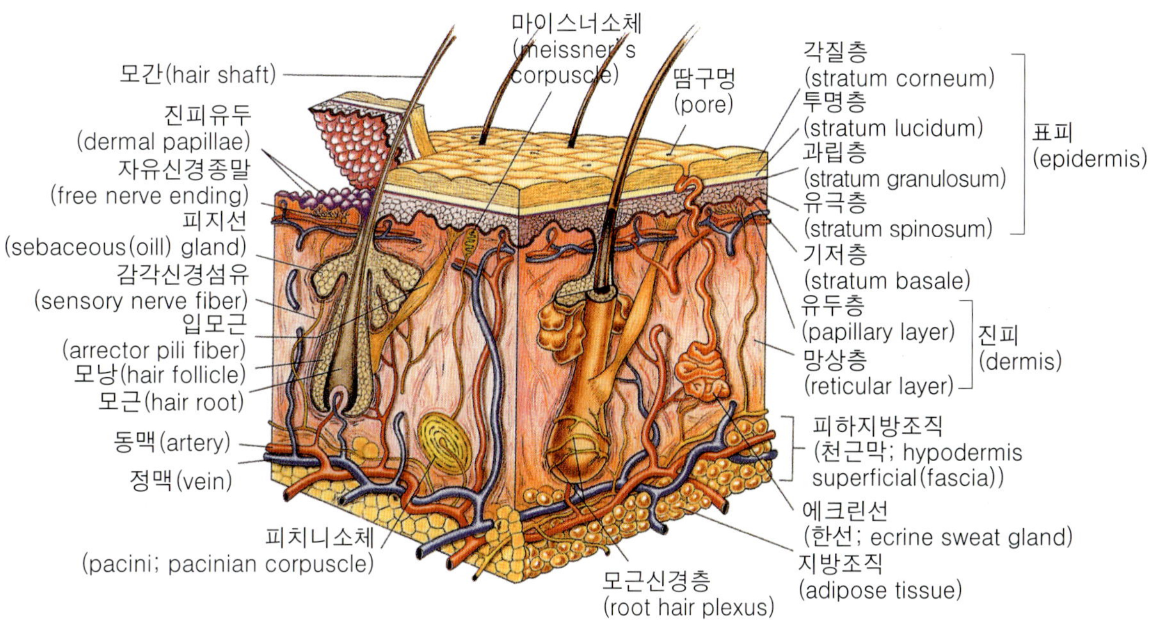

피부의 구조

피부의 종류는 첫째, 흰 피부이다. 노란기가 있는, 갈색기가 있는, 붉은기가 있는, 푸른기가 있는 타입으로 네 가지 타입으로 나누어진다.

이중에서 노란기와 갈색기가 있는 타입은 따뜻한 피부타입이고, 붉은기와 푸른기가 있는 타입은 찬 느낌의 피부이다.

둘째, 검은 피부이다. 검은 피부에도 흰기와 푸른기가 도는 타입은 찬 느낌의 피부이다. 노란기가 도는 피부는 따뜻한 느낌의 피부로 분류한다.

셋째, 노란 피부이다. 갈색기가 도는 피부는 따뜻한 타입이고, 붉은 기나 푸른기가 돌면 찬 느낌의 피부이다.

넷째, 붉은 피부이다. 붉은 피부에 노란기가 돌면 따뜻한 피부타입이고, 흰기와 푸른기가 돌면 찬 느낌의 피부이다.

한국인의 피부색은 2003년~2004년 통계에서 보면 차가운색 유형이 87%, 따뜻한 유형 7%, 복합유형 3%이며, 봄유형 2%, 여름유형 60%, 가을유형 5%, 겨울 유형 27%, 복합유형 6%로 한국 케엠케 색채 연구소 조사결과에서 알 수 있다.

따라서 피부색의 결정요인은 다음과 같다.

① 피부색소에 의해 피부색이 형성된다.

피부의 빛깔은 진피표층의 모세혈관 내의 혈액의 빛깔과 표피 및 진피 내의 멜라민 색소에 의해서 결정되는데 표피층의 두께나 그 밖의 병적 색소의 출현에 의해 변한다. 헤모글로빈(hemoglobin)이 많으면 붉은색을 띠고 적으면 창백하다. 정맥혈이 정체되면 청색을 띠거나 좀 검게 보인다. 표피의 멜라민이 증가하면 황갈색 내지 갈색으로 보인다. 또한 카로틴(Carotene)이 많으면 노란색을 띠게한다. 머리카락색은 변할 수 있지만 피부색조는 성인이 되면 일생동안 고정된다.

② 환경과 기후조건에 따라 피부색깔이 정해진다.

일반적으로 열대지방 사람들은 피부가 검고 온대나 한대 지방에 사는 사람들이 피부가 흰 것은 바로 자외선 조사량에 적응하기 위한 오랜 시간에 걸친 유기적인 현상이다. 피부가 자외선에 노출되면 멜라민 세포는 크기, 수 및 수상돌기가 증가하며 멜라민 형성이 촉진된다.

인간의 피부색은 빛의 에너지 조절을 위해 구분되어 진 것이다. 북유럽 사람은 가장 희고 붉은 피부를 지녔고, 서아프리카 사람은 가장 검은 피부를 지닌 민족이고, 남동아시아 사람들은 가장 황갈색을 띤 피부를 가졌다. 이것은 피부색이 지형이나 기후에 많은 영향이 있다는 것을 증명하는 것이다. 추운 지방은 일조량이 적고 흐린 날씨가 많으며 비교적 백색인종이 분포한다. 대체로 피부가 희거나 붉으며 머리카락은 금발이고 눈동자는 푸른 것이 특징이다. 따뜻한 지방은 계절적 변화는 있으나 일조량이 적당하며 황색인종이 주를 이루고 피부색은 노란빛을 띠며 머리카락과 눈동자는 갈색과 검은색이다. 더운지방은 일조량이 많아 태양 빛에 순응 할 수 있도록 멜라민 색소를 많이 함유한 검은색 피부를 갖고 있고 머리카락과 눈동자 색도 검은색이 주를 이룬다. 이렇듯 지역마다 태양광선의 분포도가 다르고 그에 따라 피부색, 성격, 기질, 생김새가 다르다.

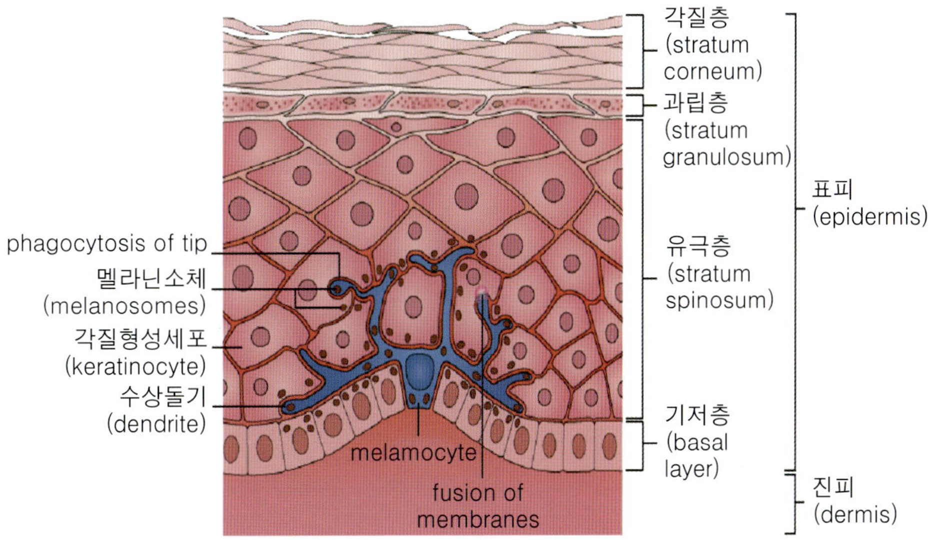

표피에서 멜라닌 생성세포의 분지

③ 유전적요인에 의해 결정된다.

부모와 지역, 즉 조상에 의해 유전적인 피부색이 결정된다. 부모 중 한사람이 밝은 피부를 지니고 다른 한 사람은 어두운 피부를 지닌다면 그들의 아이들은 밝거나 어둡거나 그 사이의 피부를 지닌다. 인종을 결정하는 피부색은 오랜시간 동안 지역에 따라 자외선에 적응하기 위해 멜라민 색소의 분포가 형성된 유전적인 현상이다. 따라서 혈액형의 유전관계와 같이 피부색 역시 유전적인 요인이 지배적이다.

표 8-1 피부의 이미지 기본이미지표

피부색	피부의 이미지
핑크계 흰피부	깨끗한, 클리어, 프리티
백색	내추럴, 클리어, 상쾌함, 미끈미끈함, 스포티, 건강함, 쾌활한 젊음, 밝음, 상쾌함, 침숙함
오크르계 백색	고상함, 품위가 있음, 약함, 옅음, 염려하기쉬움, 조용함
핑크색이 있는 보통피부	엘레강스함, 여자다움, 어른스러움, 성숙함, 원만함, 고저스, 유유함
보통피부	안정됨, 조용함, 자연스러움, 어른스러움, 온화함, 지적임, 아무렇지않음
흑색전반	활동적, 행동적, 대담함, 다이나믹함, 건강함, 개성적임, 야성적, 정열적, 모던, 캐리어 우먼

자료 컬러마케팅전략 1999

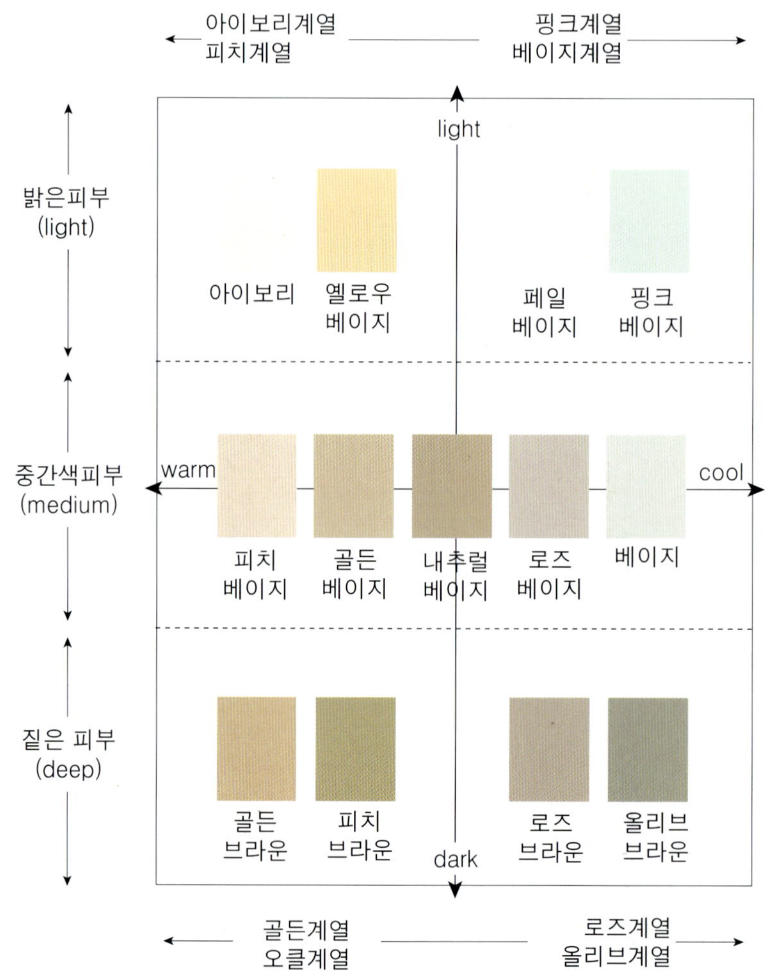

자료 : Color image making 2003

2) 머리카락색

오늘날 현대인이 가진 머리카락색의 형질 중에서 변이가 가장 현저한 것은 빛깔, 형태, 분포, 밀도, 머리카락의 종류 등이다. 빛깔은 블론드(blond)에서 흑색머리까지 아주 광범위하다. 이는 주로 모간(毛幹)속에 멜라민 색소가 많고 적음에 따라 빛깔이 달라지는 것이다. 전체적으로 머리카락 색조는 하나일 수도 있고, 머리카락색이 희끗해지고 있거나 햇빛을 받으면 여러 색이 될 수도 있다. 목 뒤쪽에 있는 머리카락색 끝을 보거나 머리카락색의 뿌리부분을 보고, 햇빛, 염소, 퍼머약 등으로 변색되지 않은 자연 머리카락색을 찾아서 퍼스널 칼라진단을 해야한다. 머리를 염색할 경우 머리카락색이 피부색과 관계가 있는지를 본다. 예를 들어 피부에 노란 톤이 들어 있고 머리카락색을 금발로 염색하면 금발에 들어있는 노란색이 피부에 있는 노란색과 연계가 되는지를 확인한다. 그리고 피부가 복숭아 색이면 오렌지색이 들어있는 딸기빛이 도는 금발로 염색해야 한다. 머리카락에 염색을 하든 안하든 간에 염색한 머리카락색이 피부와 눈동자의 색조와 조화를 이루는 것이 중요하다. 머리카락색은 다른 어떤 요소보다도 색조화장을 할 때 특히 입술색에 영향을 끼친다. 일반적으로 머리카락색이 밝을수록 입술색도 밝게하고 어두울수록 입술칼라도 진하게 한다.

3) 눈동자색

눈동자는 눈알의 한가운데 있는 빛이 들어가는 부분은 검게 보이며 빛의 세기에 따라 그 주위를 둘러싸고 있는 홍채로 크기가 조절된다. 홍채는 중막 전단부로서 중앙에 원형의 동공이 있는 원반모양의 얇은 막으로 한국인의 경우 대게 흑갈색으로 보이는 부분이다.

퍼스널 칼라에서의 눈동자색은 주로 홍채색을 말한다.

눈동자의 주된 기본색을 찾아보면 파랑, 회색, 녹색, 갈색, 검정, 오렌지, 적갈색, 노랑색, 황금색 등이 있으며, 다음으로 이차적인 색을 찾아본다. 홍채 주변에 여러 색의 띠가 있을 수 있다. 만일 머리카락색이 회색이면 홍채 주위에 회색띠가 보일 수 있고 홍채 내부에 연한 색의 반점이 있을 수 있다. 갈색 눈동자에는 황금색, 노란색, 녹색의 반점이 있을 수 있다. 밝은 색조가 눈에서 두드러지지 않으면 갈색이나 검은색을 눈의 색조로 선택한다. 눈동자 속에 적갈색의 점이 있을 수 있으며, 홍채 주위의 흰자위가 두드러지면 흰색 옷이 잘 어울릴 수 있다.

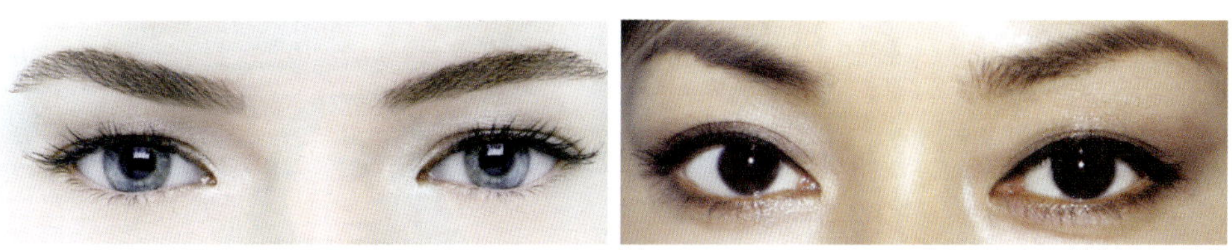

3. 퍼스널 칼라 이미지에 따른 분류

퍼스널 칼라의 주된 색채를 이미지로 분류하여 보면 표 8-2과 같다.

Jackson은 퍼스널 칼라의 각 요소에서 따뜻하고 부드러운 색을 지닌 사람을 봄이라고 하였고, 차고 부드러운 사람을 여름이라고 하였고, 따뜻하면서 짙은 색을 띠고 있어서 단단한 느낌을 가을, 찬색과 탁한 느낌을 지닌 사람을 겨울로 분류하여 자연의 4계절로 퍼스널 칼라 이미지를 분류하였다. Nicholson은 크게 4 종류의 이미지로 분류하는데 피부색이 베이지색을 기본으로 하고 머리카락색이 금발이나 갈색을 지닌 사람을 차분한 형이라 하고 미국여성의 25% 이상은 차분한 형에 속한다고 하였다. 피부에 핑크빛이 있으며 머리카락색이 잿빛을 지니고 있는 사람을 온화한 형으로 분류하였으며, 피부나 머리카락색에 황금빛이 많으면 화사한 형이고, 피부가 깨끗한 베이지나 아이보리색이고 머리카락색이 짙은 갈색이나 검정이면 즉 피부와 머리카락색의 대비가 강한 사람을 대비형이라 하였다. 또한 차분함과 대비, 차분함과 온화함, 온화함과 화사함, 화사함과 대비 같은 4가지 유형이 서로 혼합된 유형도 있다고 하였다.

Fuji는 겨울밤 하늘의 별처럼 차갑고 깨끗한 타입을 별빛타입이라고 하였고, 핑크빛, 차가운 톤의 흰피부에 검정색 머리카락 컬러로 잘 어울리는 배색을 보면 검정과 흰색, 마젠타와 검정, 자주와 적자색, 핑크와 진한 감청색이 잘 어울린다. 한밤 중의 하늘과 같이 깊이와 신비성을 가진 타입으로서 피부색은 핑크빛 노란색, 연한살색, 로즈베이지 연한 올리브, 갈색빛 올리브, 금빛 황동색에 포도주색, 새까만 검정색 머리카락 색을 가지고 있으며, 잘 어울리는 배색은 자주와 암청색, 포도주 빛, 컬러가 잘 어울린다. 부드럽고 조용하게 빛나는 월광과 같은 달빛타입은 장미빛 베이지 피부색, 로즈베이지, 연한 올리브, 올리브 베이지와 밝거나 어두운 노란베이지색을 피부색에 백발 또는 회색과 검정 머리카락색을 가지고 있고, 잘 어울리는 배색은 담청색과 마젠타 에머날드 녹색과 자주, 연한 자주색과 암청색, 진회색 빛 청색과 빨강이 잘 어울린다. 서리와 같이 차갑고 섬세한 타입인 서리타입은 연한 살색과 핑크색, 아이보리 피부색을 가지고 있으며, 머리카락색은 은발에서 백발색을 하고 있다. 어울리는 배색으로는 진한회색과 연한파랑과 연한 자주색, 흰색, 밝은 담청색과 핑크이다.

하늘과 대지를 가르는 지평선처럼, 차가움과 따뜻함의 중간에 있는 타입으로 지평선 또는 수평선타입이라고 한다. 피부의 색은 핑크 또는 엷은 노랑, 베이지, 밝은 옐로우 베이지, 아이보리, 밝은 올리브색을 하고 있으며, 머리카락색은 암갈색(Brown black), 진한 갈색, 적갈색(Reddish brown)으로 어울리는 배색은 군청과 노랑, 황갈색빛, 재색(Taupe)과 멜론 레드, 담청색빛 청색과 연어색(Salmon), 감청색 등이 잘 어울린다. 아침 햇빛처럼, 밝고 섬세한 빛을 가진 일출타입은 피부칼라는 연한 살색, 핑크로즈베이지, 올리브 베이지, 아이보리, 복숭아색이 주조색이며, 밝은 노란빛 베이지색을 가졌다. 머리카락색은 밝은 갈색, 붉은 색을 띤 밝은 갈색, 오렌지 갈색을 가졌다. 잘 어울리는 칼라는 복숭아색, 옥빛 초록색(Mint Green)과 복숭아색, 어두운 올리브 그린과 코랄레드색이 있다. 여름의 태양처첨 따뜻한 빛을 가진 타입인 햇빛 타입의 피부의 색은 노랑, 복숭아색, 밝은 노란빛 베이지, 밝은 올리브, 올리브칼라를 지녔고, 머리카락색은 밝은 갈색, 중간톤의 갈색, 포도주빛 갈색, 암갈색, 포도주빛(Burgundy black)검정을 가졌다. 잘 어울리는 배색으로는 자주와 노랑, 탁한 청색과 빨강과 감색, 진보라(Plum)와 보라색이다. 사막을 물들이는 저녁노을처럼, 풍부한 색이 어울리는 일몰타입의 피부의 색은 어두운 올리브 브라운, 황금빛 황동색(Golden bronze)이다. 머리카락색은 검정색, 포도빛 검정, 암갈색, 포도주빛 갈색, 중간톤의 갈색, 연한 갈색, 오렌지빛 갈색이 있다. 어울리는 칼라는 빨강과 자주, 노랑과 오렌지, 어두운 색(Teal)과 보라, 주홍과 청색이 있다. 여명이나 황혼의 희미한 빛처럼 세련된 부드러운 빛을 느끼게 하는 타입인 황혼의 피부색은 본래의 베이스는 핑크나 노랑 베이스를 지녔다. 연한 살색, 핑크, 로즈베이지, 올리브의 피부색을 지녔고, 머리카락색은 백발이 섞인 갈색 또는 암갈색이다. 잘 어울리는 배색으로는 진한 황갈색 빛과 재색과 코랄레드와 중간톤의 청색과 연노랑, 담청빛 청색과 복숭아빛 핑크색, 심홍색(Lavender)와 장미색이다. 한국 케엠케 연구소는 색채진단 기본 요소로 피부색, 머리카락색, 눈동자색, 두피색 그리고 팔목 안쪽 색으로 비교 분석하여 따뜻한 형, 차가운 유형으로 구분하였다. 표 8-2에서 알수 있듯이 따뜻한 형에는 봄과 가을색으로 분류하였고, 차가운 형에는 여름색과 겨울색이 있다. 봄의 피부색은 노르스름함 톤을 기본으로 하며, 피부표면이 매끄럽고 투명하며 얇기 때문에 얼굴에 주근깨 같은 잡티가 생기기 쉽다. 눈동자색은 노란빛이 감도는 밝은 갈색으로 생동감 있는 느낌을 주고 머리카락색은 노란빛이 감도는 갈색으로 윤기나고 부드러우며 얇은 것이 특징이다. 두피색은 밝고 노르스름한 빛이 감도는 색이거나 노르스름 한 색이다. 여름은 피부색이 희고 푸른빛을 지닌 차갑고 부드러운 톤으로 복숭아 빛이나 핑크빛이 살짝 감돌며 햇볕에 잘타지 않고 붉어지는 특징이 있다. 눈동자색은 부드러운 갈색으로 여성스럽고 부드러운 느낌을 주며 머리카락은 윤기나지 않는 건조한 타입으로 가늘고 회색 기미를 지닌 갈색계열이다. 두피색은 붉고 흰빛이 나는 색과 노르스름하면서 흰빛이 나는색이다. 가을타입의 피부색은 노르스름하며 윤기가 없고 얼굴의 혈색이 없는 편이다. 봄의 피부색보다는 짙으며 햇볕에 잘타는 편이어서 쉽게 얼굴색이 갈색으로 변하는 특징이 있다. 눈동자색은 짙은 황갈색 계열로 그윽하고 포근한 느낌을 주며 머리카락은 윤기가 없는 짙은 갈색이다. 두피안쪽색은 노르스름한 황색이거나 노르스름하면서 갈색이다. 겨울의 피부색은 푸른빛을 지니고 차갑고 창백해 보이며, 피부가 얇고 투명하다. 눈동사색은 짙은 회갈색이나 검은색으로 흰피부와 대조를 이루며 세련된 이미지를 주며 머리카락색상 또는 푸른빛이 들어간 짙은 갈색이나 검은색이 주를 이룬다. 손목 안쪽색은 희고 푸른빛이 나는 색과 노르스름하면서 푸른빛이 들어간 색이다.

표 8-2 퍼스널 칼라 이미지에 따른 유형분류

연구자	분 류	특 징
Jackson (1980)	봄	피부 : 아이보리색, 복숭아빛, 장밋빛 볼 머리카락 : 금발, 적갈색, 금빛 갈색 눈동자 : 푸른색, 엷은 갈색, 녹색
	여름	피부 : 밝은 핑크색, 옅은 베이지색, 밝은 핑크빛 볼 머리카락 : 회색금발, 진갈색, 적갈색 눈동자 : 푸른색, 회색, 녹갈색, 갈색(회색 빛을 지님)
	가을	피부 : 아이보리색, 복숭아빛, 진한 베이지색 머리카락 : 빨강, 황갈색, 황금갈색, 금발, 검은색 눈동자 : 진갈색, 갈색, 호박색
	겨울	피부 : 핑크빛흰피부, 붉은베이지색, 푸른빛 검은 피부, 볼에 혈색 없음 머리카락 :푸른 검정 눈동자 : 적갈색, 검은 갈색, 푸른색(회색빛을 지님)
Nicholson (1986)	차분한형	피부 : 아이보리 베이지, 브라운 베이지, 황금갈색 베이지 머리카락 : 카라멜색, 빨강, 갈색, 두드러진 금발
	온화한형	피부 : 아이보리, 핑크 베이지 머리카락 : 잿빛 금발, 잿빛 갈색 또는 빨강
	화사한형	피부 : 아이보리, 황금 베이지 머리카락 : 황금 금발, 황금 갈색
	대비형	피부 : 아이보리, 올리브, 깨끗한 베이지 머리카락 : 어두운 갈색, 검정
Fuji (1991)	별빛	피부 : 핑크빛 노란색, 연한 살색, 장밋빛 베이지, 올리브 베이지 머리카락 : 검정, 짙은 갈색, 포도주빛 검정, 갈색빛 검정, 흰머리가 섞인 붉은빛 암갈색
	한밤중	피부 : 핑크빛 노란색, 연한 살색, 장밋빛 베이지, 연한 올리브 베이지, 노란빛 올리브, 진한 올리브,갈색빛 올리브, 금빛 황동색 머리카락 : 새까만 검정색, 포도주빛 검정
	달빛	피부 : 장밋빛 베이지, 연한 올리브, 올리브 베이지, 금색빛 핑크 머리카락 : 백발 회색이 섞인 검정색, 부드러운 검정색
	서리	피부 : 연한살색, 핑크, 아이보리 머리카락 : 은회색까지는 백발

연구자	분 류	특 징
Fuji (1991)	일출	피부 : 연한살색, 핑크, 장밋빛 베이지, 올리브, 베이지, 아이보리, 복숭아색, 밝은 노란빛 베이지 머리카락 : 밝은 갈색, 오렌지 갈색
	햇빛	피부 : 복숭아색, 밝은 노란빛 베이지, 밝은 올리브, 올리브 머리카락 : 밝은 갈색, 중간톤의 갈색, 포도주빛 갈색, 암갈색 검정
	일몰	피부 : 어두운 올리브 브라운, 황금빛 황동색 머리카락 : 검정, 포도빛 검정, 암갈색, 포도주빛 갈색, 중간톤의 갈색, 연한 갈색, 오렌지빛 갈색
	황혼	피부 : 연한살색, 핑크, 장밋빛 베이지, 올리브 베이지, 복숭아색, 연노랑빛 베이지, 어두운 올리브, 금빛 황동색 머리카락 : 암갈색
KMK칼라연구소 (2005)	봄	피부 : 밝고 노르스름한 빛, 베이지 빛, 노르스름한 피부에 붉은빛, 노르스름한 피부에 약간 갈색빛 두피 : 밝고 노르스름한 빛 손목안쪽색 : 노르스름한 색 머리카락 : 노란빛이 감도는 연한 갈색, 노란빛이 감도는 짙은 갈색 눈동자 : 노란빛이 감도는 연한 갈색, 노란빛이 감도는 짙은 갈색
	여름	피부 : 노르스름한 피부에 흰빛이 감도는 색, 붉은 피부에 흰빛이 감도는 색, 검은 갈색 또는 살구빛에 흰빛이 감도는색 두피 : 붉고 흰 빛이 나는 색 손목안쪽색 : 노르스름하면서 흰빛이 나는 색 머리카락 : 회색 빛이 감도는 짙은 갈색, 회색 빛이 감도는 회갈색 눈동자 : 푸른 빛이 감도는 연한 갈색, 푸른 빛이 감도는 짙은 갈색
	가을	피부 : 노르스름한 피부에 갈색 빛이 감도는 색, 다갈색 피부에 붉은 빛이 감도는 색, 갈색 피부에 황색 빛이 감도는 색, 검은 갈색 피부에 노르스름한 빛이 감도는 색 두피 : 밝고 노르스름한 빛 손목안쪽색 :노르스름한 색 머리카락 : 황갈색 빛이 감도는 갈색, 짙은 갈색 눈동자
	겨울	피부 : 희고 밝은 피부에 푸른 빛이 감도는 색, 노르스름한 피부에 푸른 빛이 감도는 색, 약간 붉은 피부에 푸른 빛이 감도는 색, 검은 갈색 피부에 푸른 빛이 감도는 색 두피 : 희고 푸른 빛 나는색 손목안쪽색 : 노르스름하면서 푸른 빛이 감도는 색 머리카락 : 푸른 빛이 감도는 갈색, 푸른 빛이 감도는 검은색 눈동자 :푸른 빛이 감도는 갈색, 푸른 빛이 감도는 검은색

4. 사계절 신체 색상 특징

사계절은 옐로우 베이스와 블루 베이스의 두가지로 분류할 수있다.

옐로우 베이스는 봄과 가을, 블루 베이스는 여름과 겨울로서 각각을 봄, 여름, 가을, 겨울로 나눌수 있다.

옐로우 베이스(Yellow base)	블루 베이스(Blue base)
노랑계열의 색의 총칭이다. 노란색은 본래 태양광의 색에 가장 가까운 유채색이며 옐로우 베이스는 자연계의 양달에서 보이는 색이다. 봄과 가을 두색 종류가 있고 전체적으로 따뜻하고 컬러플한 인상이다. 예를 들면 북극의 생물보다 아프리카의 생물이 색조가 컬러플하고 선명하게 보이는 것은 일조가 강할수록 물체의 색조도 강하게 보이기 때문이다. 옐로우베이스의 테스트 컬러를 얼굴에 가까이 대보면 본래의 얼굴보다 채도가 올라가 윤기가 나 보이거나 혈색이 좋아 생기있고 건강하게 느껴진다.	파란색 계열인 색의 총칭이다. 자연계의 응달색이며 또 달빛에 비추어진 물체의 색이기도 하다. 여름과 겨울의 색 두 종류가 있으며, 전체적으로 차고 맑은 인상이다. 옐로우 베이스가 하나하나의 색을 강조하고, 전체적으로 컬러플한 것과 대조적으로 블루 베이스는 전체적인 통합적인 느낌 중에서 색의 아름다운 조화가 있는 것이 특징이다.
봄 	여름 
가을 	겨울 

1) 봄

긴 겨울이 끝나고 신록이 피어나는 컬러풀한 꽃들이 피기 시작 하는 봄, 봄의 색은 색의 삼속성과 톤을 분석하면 명도가 전체적으로 높고 채도가 순색도 포함하여 어느 쪽이든 어울린다.

봄의 색은 노랑을 기본 색으로 깨끗함(Clear), 선명함(Delicate), 맑음(Bright)의 특징을 지닌 따뜻한 색이다. 봄은 가장 부드럽고 연한 톤으로 깨끗하고 신선한 이미지를 가진다. 결코 흐리거나 너무 어두운 색은 아니다. 영원한 젊음의 이미지로 연하고 부드러운 색이 주를 이룬다. 따뜻한 색 중에서도 밝고 선명한 톤이며 깨끗하고 신선한 색으로 전체적으로 빛을 지니고 있는 밝고 맑은 톤을 이루고 있다. 벚꽃, 투율립, 팬지 등의 꽃 색을 상상해보자.

- Spring Clear 타입 - 봄의 색 중 선명하고 투명한 색으로 원색이 잘 어울리는 타입

- Spring Warm 타입 - 봄의 색 중 온화하고 따뜻한 색이 잘 어울리는 타입

- Spring Light 타입 - 밝고 연한 색으로 은은한 색이 잘 어울리는 타입

- Spring Soft 타입 - 파스텔 계열의 부드러운 중간색이 잘 어울리는 타입

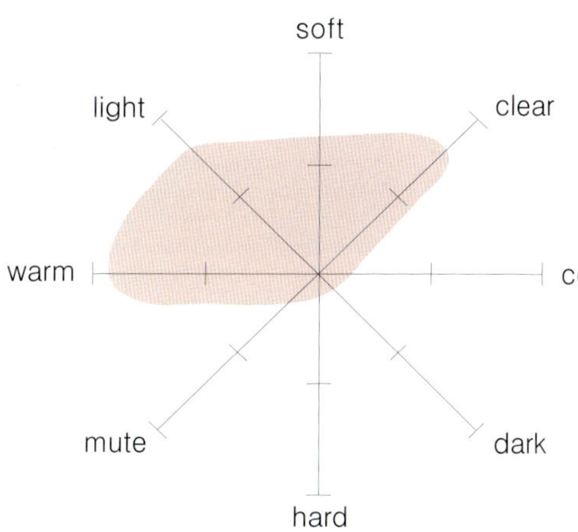

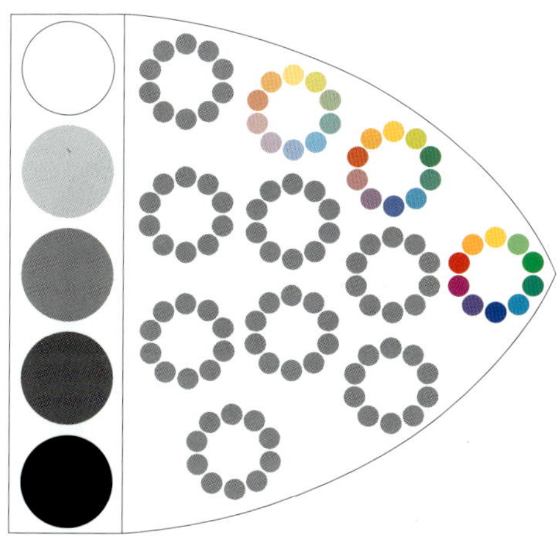

「봄 색상별 특징」

White	흰색은 기본적으로 차가운 색이지만 봄은 노란빛이 가미된 아이보리, 크림톤 오프화이트 등으로 따뜻하고 고급스러운 이미지의 색이다. ivory, off-white, pale cream
Beige	베이지의 경우 황색에서 비롯된 색이기에 근본적으로 따뜻한 색이지만 봄의 베이지는 선명하고 밝은 베이지가 주를 이룬다.밝은 베이지에서 카멜색으로 지나치게 차분하고 어두운 색은 피해야 한다 clear beiges, creamy beige, including camal
Brown	갈색보다 밤색에 가까운 색으로 벽돌색이나 주황색이 가미된 아프리 코트 색이나 골드가 가미된 선명한 브라운이 주를 이룬다. golden brown, clear tans, apricot
Gold	라이트한 옐로 골드에서 황갈색 빛 골드, 여름과 겨울 타입의 경우는 피해야할 색으로 골드는 따뜻한 색을 대표하는 색이다. 봄 타입의 경우는 비교적 짙고 강한 골드보다 가볍고 밝은 톤의 골드이다. clear gold, yellow gold
Yellow	봄을 대표하는 노란색은 원색의 선명하고 밝은 색이다. bright golden, yellow, light yellow
Orange	노란색과 함께 봄을 대표하는 색인 주황색으로 오렌지색에서 연한 산호색이 주를 이룬다. light orange, clear peach, pale salmon, all caral, light rust
Red	선명한 원색의 레드로 주황이 가미된 다홍색으로 전형적인 봄의 색이다. 푸른 빛을 제외한 빨강은 기본적으로 따뜻한 색이다. 특히 빨강은 봄의 대표적인 색으로 코렐레드. 토마토레드. 주황색이 가미된 다홍빛의 빨강이 주를 이룬다. clear red, orange red, coral red
Pink	봄의 전형적인 흰색을 가미한 핑크가 아닌 주황빛이 가미된 산호핑크, 연어색, 코럴핑크 등으로 온화하고 따스한 색이다. peach pink, salmon, coral pink, sell pink
Green	녹색계열은 기본적으로 파랑과 노랑의 혼합으로 중간색의 성격을 띠고 있다. 봄의 대표적인 녹색계열은 연두색, 옥색 등의 밝은 파스텔톤이 주를 이룬다. 원색의 녹색에 노랑이 가미된 연두색까지 밝고 선명한 색이다. 파스텔 톤에서 선명한 그린, 연두색, 맑은 녹색 등이 있다. clear yellow-green, bright green, aqua green
Blue	블루는 기본적으로 차가운 색이지만 원색의 파랑이나 선명한 아쿠아와 옥색 빛을 지닌 밝은 블루 등은 봄에 속한다. light royal blue, periwinkle blue, medium warm, turquoise, clear aqua, marinblue
Purple	보라계열은 근본적으로 차가운 계열에 가깝다. 그러나 봄의 보라색은 기본적으로 밝고 선명한 색으로 지나치게 짙거나 붉은 자주 빛을 지닌 색이 아닌 중간색의 아이리스나 라일락 색이다. medium violet, light blue violet, iris

2) 여름

쨍쨍 내리쬐는 뜨거운 여름의 이미지에는 순색이나 원색이 어울리지만 퍼스널 컬러의 색은 여름색인 흰색을 지니고 있어 밝고 부드럽지만 반면에 파우더(powder)느낌의 불투명함을 지니고 있다. 전체적인 색상에 흰 가운이 있어 선명하지 못하고 흐린 편이다.

이러한 특징으로 색상 간의 콘트라스트가 적고 파스텔 톤이 많아 색상이 비교적 부드러워 여성적 이미지를 지니고 있다. 색의 삼속성과 톤을 분석한 명도는 높은 색이 많고 채도는 중채도를 중심으로 그다지 높지 않다.

■ Summer Light 타입 - 흰색을 혼합한 색으로 가볍고 밝은 색이 잘 어울리는 타입

■ Summer Soft 타입 - 중간 톤의 부드러운 파스텔 색이 잘 어울리는 타입

■ Summer Cool 타입 - 시원한 화이트와 블루계열이 잘 어울리는 타입

■ Summer Mute 타입 - 회색이 가미되어 흐린 색이나 짙은 색이 잘 어울리는 타입

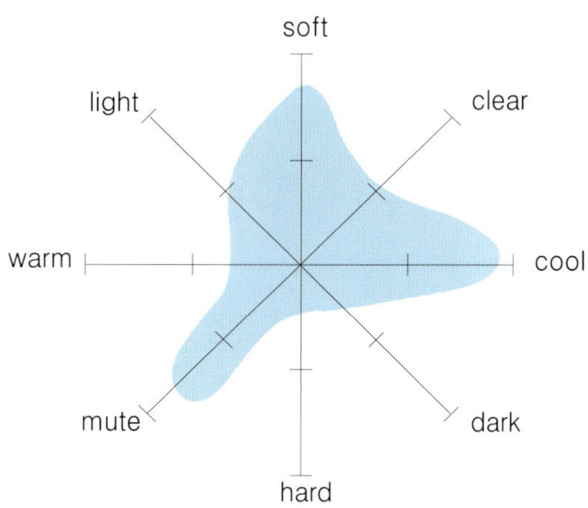

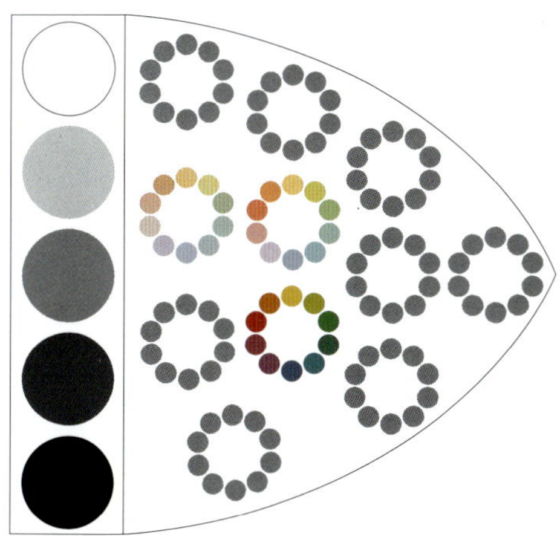

「여름 색상별 특징」

White	순백색보다는 흐린 색으로 미색이나 회색이 가미된 흰색이다. 노랑이 전혀 가미되지 않는 흰색이지만 순백색보다는 흐린 색으로 약간 미색에 가깝다. off-white, soft white
Beige	기본적인 베이지에 로즈가 가미된 색으로 붉은 빛이 도는 베이지 색이다. 베이지 계열 역시 갈색과 같은 로즈빛이 가미된 색으로 붉은 기가 조금 도는 핑크베이지가 대표적인 색이다. 로즈 베이지와 로즈 브라운 사이의 색으로 이루어진다. 그러나 옐로 베이지, 그레이 베이지, 다크 브라운은 피해야 한다. rose beige, pinke beige
Brown	로즈가 가미된 로즈 브라운이나 코코아색이다. 여름의 갈색톤은 로즈빛이 가미되거나 회색이 가미된 색으로 팥죽색에 가까운 짙은 색이 주를 이룬다. 여름의 경우는 로즈(핑크계열의 장미색)가 가미되어 붉은 빛이 감도는 것이 특징이다. rosebrown, cocoa, gray brown
Sliver	여름 색에는 골드가 없다. 반면에 실버가 차가운 계열로 여름과 겨울을 대표한다. 같은 실버라도 무광이 더 잘 어울린다.
Yellow	기본적으로 노랑색은 따뜻한 색이지만 흰색과 푸른색이 가미되면 차가운 노란색이 된다. 대표적인 색은 라이트 레몬색이다. light lemon, yellow, pure yellow, pale lemon
Orange	여름색에는 주황색이 없다.
Red	레드의 경우 로즈빛이 강한 계열로 원색보다는 중간색이나 버건디 계열이 주를 이룬다. 푸른빛이 빨강색계열로 딸기색이나 수박색이 대표적인 색이다. 톤이 다소 짙은 톤으로 시원한 느낌을 주는 색이다. watermelon, blue-red, raspberry, burgunt, cherey
Pink	여름의 대표적인 색인 핑크는 파스텔 계열로 중간색에서 짙은 로즈까지 폭 넓게 분포되어 있다. light pink, rose, deep rose, blue pink
Green	푸른빛이 강한 그린계열로 블루가 가미된 청녹색이나 아쿠아 그린계열이 주를 이룬다. 여름의 숲에서 느낄 수 있는 녹색으로 블루가 가미된 파스텔 그린에서 짙은 청록색에 이르기까지 다양하고 깊은 색이 주를 이룬다. blue-green, pastal aqua, aqua green
Blue	여름색의 대표인 블루는 짙은 네이비 계열을 제외한 색이 모두 속하며 블루 중 밝은 색에서 중간색이 주를 이룬다. 회색톤을 바탕으로 한 파랑계열로 밝은 청회색, 진블루, 마린블루, 회감청색, 터키옥색 등이다. 톤은 밝은 톤보다 중간 톤이 주를 이룬다. 여름의 대표색은 진블루(청회색)이다. gray-blue, sky blue, periwinkle blue, powder to medium blue
Purple	파스텔톤의 중간색으로 부드러운 색이 주를 이룬다. 라벤다 색으로 청보라빛과 회색이 가미된 보라색이다. plum, soft fuchsia, mauve, orchid, lavender

3) 가을

여름이 끝나고 산에는 단풍이 들고 풍성한 수확을 가져다 주는 가을.

가을타입은 따뜻하고 부드러운 이미지로 상대방에게 친근감과 편안함을 주는 이미지로 자연스럽고 고전적이며 여성스러운 이미지를 지니고 있다. 가을의 색은 따뜻한 색 중에서도 어둡고 흐린 톤으로 차분하면서 가라앉는 자연의 색으로 내추럴한 색과 깊이감 있는 순색만큼 높지는 않지만 고채도에서 저채도까지 광범위하다. 가을톤은 중간색이 가장 많은 것이 특징이다. 네가지 시즌 중 가장 옐로우 베이스가 강한 그룹이다.

■ Autumn Mute 타입 - 흰색을 혼합한 색으로 가볍고 밝은 색이 잘 어울리는 타입

■ Autumn Warm 타입 - 중간 톤의 부드러운 파스텔 색이 잘 어울리는 타입

■ Autumn Dark 타입 - 시원한 화이트와 블루계열이 잘 어울리는 타입

■ Autumn Hard 타입 - 회색이 가미되어 흐린 색이나 짙은 색이 잘 어울리는 타입

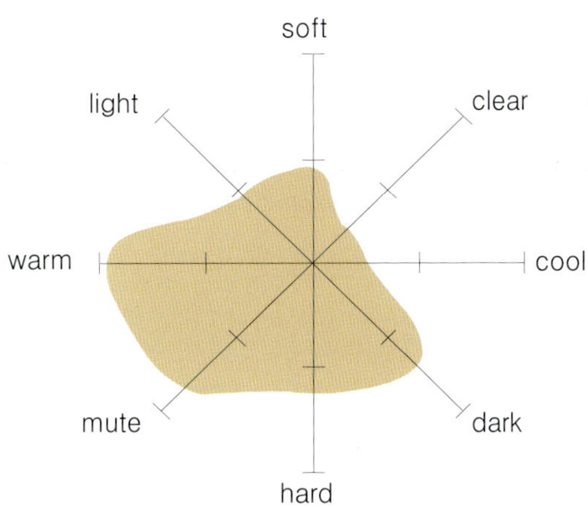

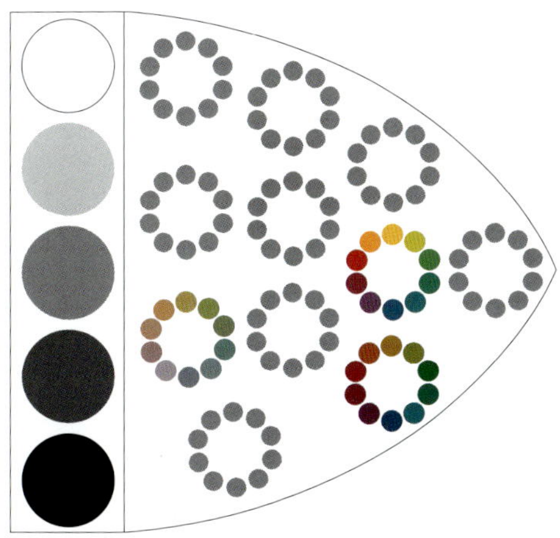

「가을 색상별 특징」

White	봄의 화이트와 같이 베이지 톤의 흰색(미색)으로 조금은 차분한 상아색 계열이다. 백색은 가을색이 아니며 크림톤이나 굴색의 베이지톤의 흰색이다. orster white, yellowish white, cream white
Beige	밝은 색에서 어두운 베이지로 황금빛에서 황갈색에 이르는 색으로 다양하게 분포되어 있다. 따뜻한 샴페인 톤으로 크림빛의 베이지는 그레이 베이지와 로즈 베이지를 제외한 밝은 색에서 어두운 색까지 모두 속한다. earch beige, gold-tone beige, including camel
Brown	가을색을 대표하는 브라운 계열로 황갈색에서 짙은 브라운색까지 다양하게 분포되어 있으며 특히 카키 계열의 갈색이 대표적이다. 갈색의 경우 빨강과 녹색의 혼합으로 기본적인 따뜻한 색의 특성을 지니고 있다. 짙은 색의 브라운, 브론즈, 카멜, 골드브라운, 붉은 마호가니 브라운, 적갈색, 카라멜 브라운이며 차가운 회갈색은 아니다. dark brown, bronze, mahogany, dark orange brown, terracotta
Gold	가을 색은 기본적으로 모든 색에 골드가 가미되는 것으로 골드는 가을을 대표로 한다. 특히 짙은 황갈색이나 호박색을 지닌 골드이다. gold, dark-gold, gold-brown
Yellow	봄의 노랑 색보다는 짙고 황색이 가미된 색으로 옐로우골드, 겨자색이 대표적인 색이다. 골드 빛의 노랑으로 짙은 황색에 가까운 노랑이다. light-gold, golden yellow, light yellow brown
Orange	봄의 주황색보다는 채도가 낮은 색으로 황색이 가미된 가을의 감색을 영상하게 한다. 황토색이나 황적색이 이에 속한다. deep peach, salmon, rust, terra cotta, coral, datk-orange
Red	가을의 레드는 심홍색으로 짙은 밤색이 가미된 레드이다. 가을의 빨강은 기본적으로 골드가 가미되어 짙은 적색과 토마토색으로 주홍빛 빨강, 브라운 레드이다. orange-red, bittersweet, dark tomato
Pink	가을에는 핑크가 없다. 다만 산호색이 가미된 색이나 베이지가 가미핑크계열을 활용할 수 있다. beige-pink, bittersweet, dark tomato
Green	황색이 가미 된 황녹색 계열로 카키계열이나 짙고 강하고 불투명한 계열이 주를 이룬다. grayed, yellow-green, yellow-greens, earth green, olive, turquoise
Blue	가을의 블루는 그린이 가미 된 청블루계열로 여름의 청록보다 채도가 낮은 색이다. 가을의 파랑은 미묘한 색으로 쉽지 않다. 기본적으로 파란색에 그린이 가미된 색으로 짙고 어두운 계열의 유리 빛의 블루, 마린, 감청색, 진블루 등이 있다. teal blue, turquoise blue, aqua teal
Purple	가을의 보라색은 드문 색으로 짙고 흐린 계열의 보라색을 활용한다. deep periwinkle blue, mahogany

4) 겨울

겨울 타입의 이미지는 차갑고 강렬하며 이기적인 느낌을 지니고 있다. 이는 콘트라스트가 강한 클리어한 이미지이기 때문이다. 신체색상에서 피부는 희고 푸른 빛을 지니고 있어 차갑고 창백해 보이며 머리카락 색과 눈동자 색은 짙은 계열의 짙은 회갈색이나 검정색으로 흰 피부와 대조를 이루는 이미지로 깔끔하고 세련된 이미지를 지닌 타입이다. 겨울타입의 이미지는 전형적인 모던한 이미지로 소피스트케이트나 비즈니스룩의 이미지와 선명한 액티브한 이미지를 동시에 지니고 있는 도시적인 감각을 지닌 세련된 이미지이다. 색의 삼속성과 톤을 분석하면 명도는 고명도와 저명도의 양끝이며, 채도도 순색과 저채도색으로 콘트라스트가 강한 그룹이다. 페일과 다크 그레이쉬, 비비드와 페일 등은 이 그룹의 대표색이다.

■ Winter Clear 타입 - 선명한 이미지로 맑고 깨끗하며 원색이 잘 어울리는 타입

■ Winter Cool 타입 - 여름의 색보다 짙은 계열의 블루와 화이트 계열이 잘 어울리는 타입

■ Winter Hard 타입 - 파랑을 기본으로 한 강한 계열의 모던한 색이 잘 어울리는 타입

■ Winter Dark 타입 - 검정의 혼합으로 비교적 짙은 계열의 색이 잘 어울리는 타입

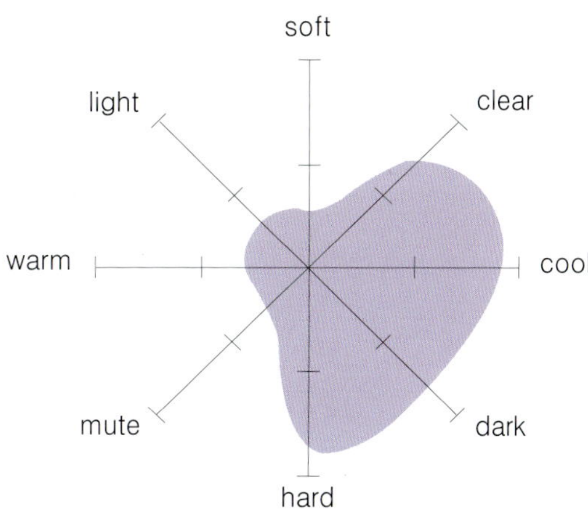

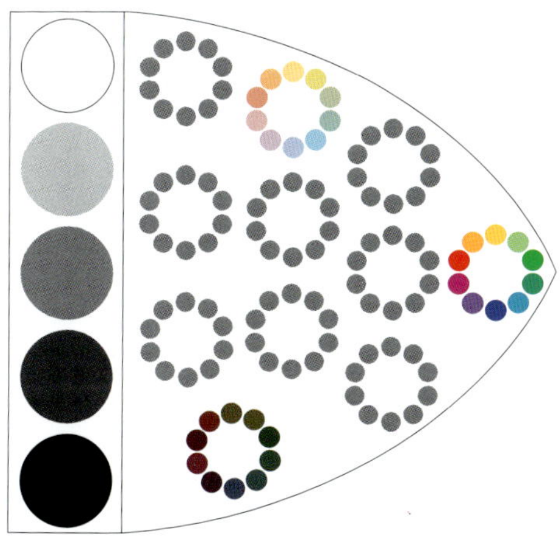

「겨울 색상별 특징」

White	눈처럼 하얀 순백색으로 선명하고 깨끗한 색이다. pure white, snow white
Beige	겨울의 베이지 색은 회색이나 흰색이 가미된 색으로 기본적으로 노란빛을 지니고 있지 않는 밀크커피나 연한 코코아 색에 가깝다. gray-beige, icy taupe, ice beige
Brown	브라운 역시 베이지와 마찬가지로 회색이 가미된 색으로 짙은 회갈색이 주를 이룬다. rowe brown, gray-brown, sepia, charcoal
Sliver	겨울색에는 골드 대신 광택이 나는 실버이다.
Yellow	여름의 노랑처럼 흰색이 가미된 노랑으로 아주 라이트옐로우와 푸른 빛이 도는 선명한 옐로우가 대표적인 색이다. ict yellow, lemon-yellow, vivid yellow
Orange	겨울색에는 주황색이 없다.
Red	겨울의 레드는 선명하고 푸른빛이 도는 차가운 색으로 겨울색을 대표하는 색 중 하나이다. 원색의 빨강보다 조금 짙고 와인빛이 가미된 색으로 바건디 계열의 색이 포한된다. ture red, blue red, bright burgundy, deep maroon, wine
Pink	겨울의 핑크는 흰색이 가미된 라이트 핑크와 보라계열이 가미된 핑크계열이다. 대표적인 색인 마젠타계열의 짙은 핑크가 있다.
Green	겨울의 그린 색은 크리스마스 트리 색인 짙은 초록색인 청록색을 들 수 있다. 선명한 푸른빛의 그린 색도 포함된다. 블루가 가미된 비취그린계열과 검은 빛이 가미된 짙은 녹색으로 소나무잎 색이다. light true green, emerald green, icy green, viridian
Blue	짙은 네이비 블루나 코발트블루계열로 짙고 어두운 색이 주를 이룬다. 겨울의 대표색으로 깨끗하고 선명한 마린블루, 코발트 등의 짙은 블루와 네이비 블루, 청보라 등으로 짙은 깊은 색이 주를 이룬다. cabalt blue, true blue, rotal blue, icy blue
Purple	짙고 선명한 보라색으로 마젠타가 가미된 자주빛 보라나 남색이 가미된 보라색으로 강한 색이 주를 이룬다. deep purple, royal purple, icy violet

5. 사계절유형에 따른 톤 분류

1) 봄의 톤(Sprig tone)

2) 여름의 톤(Summer tone)

3) 가을의 톤(Autumn tone)

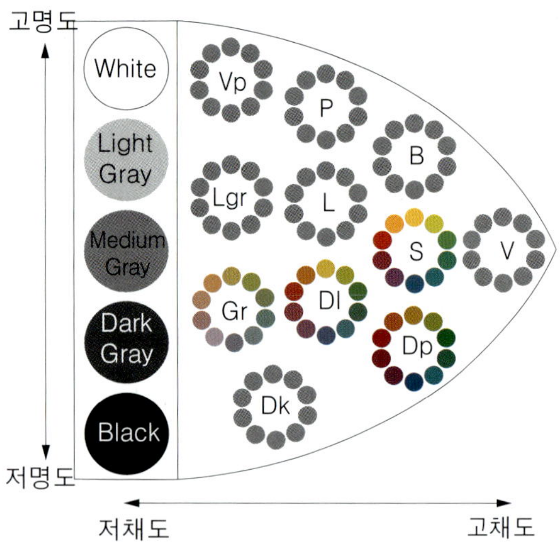

4) 겨울의 톤(Winter tone)

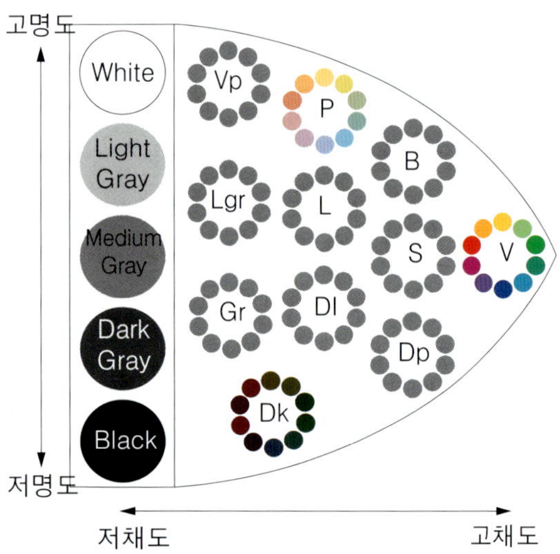

표 8-4 봄여름가을겨울 이미지 연출

구분	봄	여름	가을	겨울
전체이미지	밝고 화사하며 귀엽고 발랄한 이미지	부드럽고 여성스러우며 사랑스런 분위기의 이미지	세련되고 분위기 있는 이미지	강렬하고 섹시하면서 도시적인 이미지
어울리는 옷의 색상	부드럽고 따뜻한 색상, 선명하고 밝은 색상	흰빛이 들어간 파스텔 색상	베이지, 갈색 계열의 따뜻한 칼라	원색, 강하고 진한 계열의 청보라, 와인, 무채색
피해야 하는 색	검정색, 흰색, 어두운색, 파우더색의 차가운 색, 은색, 청회색, 청색과 청색 바탕색	완전 흰색, 너무 어두운색, 반사적인 색, 따뜻한 색, 금색, 녹슬은색, 오렌지색, 노랑색을 바탕으로 한 밤색	검정색, 흰색, 너무 반사되듯이 선명한색, 차가운 바탕색, 핑크, 청색과 청색을 바탕으로 한 흰색	파우더색, 눌려진색, 따뜻한 색, 오렌지, 주홍, 녹슨색, 노랑, 초록, 모든 밤색
헤어	오렌지, 레몬계열, 구리빛이 도는 밝은 금발색 계열	내츄럴 브라운 계열에 블루나 그린계열, 가지색, 진한 회색 금발, 밝은 회밤색	내츄럴 밤색, 여러톤 브라운 금발금색, 코냑색, 구리색	와인이나 다크브라운, 보랏빛 계열의 밝을 레드, 흑갈색, 블랙
향수	꽃향기, 초록색 과일을 연상시키는 향수가 좋다. 무거운 느낌의 향과 스포티한 향은 피한다.	낭만적이고 여성스러운 향, 우아하고 세련된 느낌의 향이 좋다.	동양적이고 부드럽고 가냘픈 향이 어울림	어둡고 드라마틱한 향, 사향
액세서리	노란빛이 도는 골드, 호박, 빛나는 것, 유리, 비즈, 큰 것보다는 작은 것을 겹쳐서 사용	실버, 진주, 백금, 유리, 섬세함이 느껴지는 것	매트한 골드, 에스닉풍의 패턴, 자연소재, 팩트가 강한 것	다이아몬드, 백금, 실버, 오닉스, 차갑게 빛나는 것.
텍스쳐	촘촘한 것(코튼), 가벼운 것(오간자), 보송보송한 것(모헤어)	부드러운 것(실크), 비치는 것(쉬폰), 표면이 매끄러운 것(텐셀)	엉성하고 까칠한(마), 무게감 있는 것(트위드), 소재감이 있는 것(스웨터)	광택이 있는 것(벨벳), 빳빳한 것(가죽), 조밀하게 짜여진 것(하이테크소재)
패턴	구상프린트, 작은 무늬, 꽃무늬, 체크	곡선프린트, 작은 물방울 무늬, 레이스	추상프린트, 페이즐리, 트레디셔널한 모양	대담한 무늬, 무지(無地), 기하학적인 모양
GOOD	키워드는 『light & Warm』,컬러풀한 인상의 색을 사용	키워드는 『soft & elegance』	분위기가 느껴지는 그라데이션	키워드는 『natural & chic』 쉬크한 색으로 통일감
NG	짙은 색, 모노톤	노랑기가 강한 색, 지나치게 화려한 색	옅은 색, 희미한 색	내츄럴한 컬러, 아스컬러(브라운 계통의 대지의 색상)

■ 손을 사용한 실험

※ 우선 핑크색으로 시험해 봅시다.

※ A, B 중 어느 손이 깨끗해 보입니까?

6. 퍼스널 칼라 진단 방법

퍼스널 칼라 진단은 개개인의 장점과 목적에 맞도록 색채조화를 활용하여 고객의 이미지에 어울리는 색 조언을 할 수 있다. 어울리는 메이크업 제품이나 소품, 의상 구매 시에 시간과 금액이 절약된다. 개인의 장점을 최대한 표현할 수 있도록 도와준다. 웃거나 말할 때도 발음효과를 확실하게 하고, 자신만만한 마음가짐으로 하는 일에 있어서도 기쁨을 준다. 칼라 진단 시에 기본요소로는 머리색, 피부색, 눈동자색 등은 기본으로 하고 체형, 얼굴형과 이목구비 형태, 직업, 성격, 연령을 고려한다면 더욱 더 정확한 진단이 될 수 있다.

1) 칼라 진단의 방법

퍼스널 칼라 진단 전의 조건은 다음과 같다.

적정한 분석결과를 이끌어내기 위해서는 준비도 중요하다.

진단 장소의 환경, 진단자의 메이크업에 따라 진단결과가 크게 달라지는 일이 있다. 준비가 갖추어지면 바로 진단한다. 진단받는 사람은 보다 정확한 진단을 위하여 비타민 A나 캐로틴 성분이 들어있는 음식을 삼가야해야 한다. 이는 캐로틴 성분이 피부를 노랗게 보이게 하며, 선텐 시 에는 붉은 계열이 잘 어울려서 여름피부처럼 보인다. 이에 객관적인 진단이 어려우니 주의가 요구된다.

- 노 메이크업으로 실행한다. 화장 끼 없는 얼굴의 색조와 테스트 칼라를 비교하는 것이 중요하다. 화장을 지울 수 없을 경우에도 립스틱이나 확실하게 색을 느낄 수 있는 아이 컬러, 치크 등은 지우도록 한다. 파운데이션이 분명하게 피부색과 다를 경우에도 마찬가지이다.

- 장소는 낮 동안 자연광이 들어오는 천연광이 좋고, 시간대는 오전 10시에서 오후 3시가 최적이지만 인공조명의 경우는 가능한 특별한 색이 섞이지 않은 광원이 밝은 장소를 선택한다. 백열등은 노랑계열이 강하므로 피하는 것이 좋다. 형광등은 너무 청색계가 강하지 않은 조정색이라면 괜찮다.

- 귀걸이나 목걸이 등 얼굴 주변의 악세사리는 벗어 놓는다. 안경은 프라임이나 렌즈색이 없는 것이 적당하다. 혼자서 진단하는 사람의 경우, 안경을 벗으면 자신의 모습이 잘 보이지 않게 되므로 프레임색에 영향 받지 않도록 조심하도록 한다. 대신 다른사람이 테스트 칼라가 어울리는지 진단해 주는 것도 좋을 것 같다.

- 전신거울을 준비한다.
- 머리색을 감추기 위해 헤어 밴드를 준비한다.
- 복장은 온몸을 감추는 흰색 가운을 걸친다.

(1) 진단 측정 도구

Check

준비물

1. 테스트 칼라 진단천
   가로 20㎝, 세로 40㎝의 한 장 한색의 종이나 천
   각 씨즌에 5종류 – 20종류 테스트 칼라 준비
2. 거울 : 상반신이 비치는 사이즈
3. 메이크업 도구
   컨설턴트의 마무리에 선택 된 퍼스널 칼라가 어울리는지의 여부를 확인하기 위해 사용된다. 아이섀도우, 립스틱, 치크 등을 준비한다.
4. 줄자
5. 6가지 셔츠디자인
6. 6가지 네크라인
7. 헤어밴드
8. 흰색가운

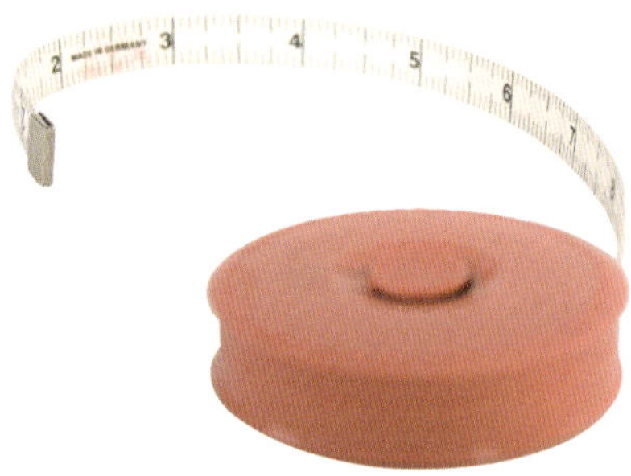

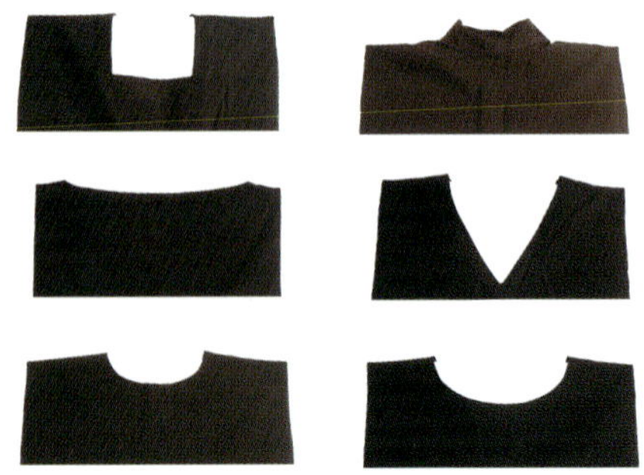

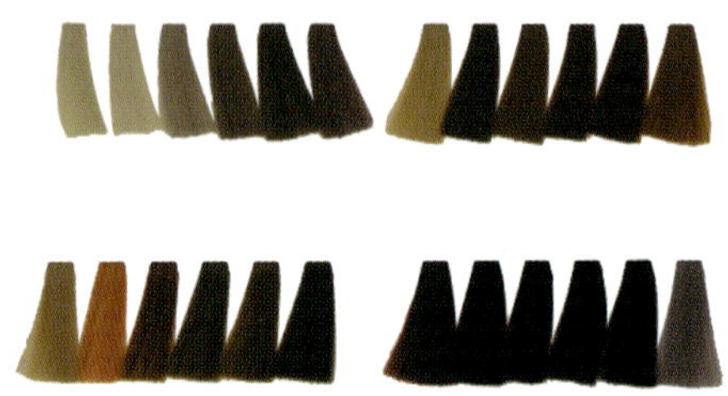

2) 칼라 진단 테스트 과정도

퍼스널 칼라 진단 전에는 개인의 외적 image 및 특성, 첫인상, 머리카락, 질감 등을 분석한다는 이는 보다 객관적으로 진단하기위해 직업과 선호하는 색상을 확인하고 진단결과가 나왔을 때 비교해둔다.

진단 전

개인의 외적 image 및 특성, 첫인상, 머리카락 질감 등 분석

1단계

피부색, 눈동자색, 머리카락색, 두피색, 손목안쪽색 분석

2단계

yellow base과 blue base 중 선택 색, 손목안쪽색 분석

3단계

yellow base과 blue base 중 한가지 결정 후 soft, hard tone의 비교

4단계

4계절 중 최종 퍼스널칼라 타입 판정

5단계

진단결과에 따른 메이크업 헤어 패션스타일 이미지 등 제시

Check

계절에 맞는 색상을 둘렀을 때 나타나는 얼굴의 반응

- 피부가 투명감이 있다.
- 피부가 돋보인다.
- 피부의 고르지 않은 부분이 적어진다.
- 피부가 노랗거나 회색빛이 없어지므로 건강해보인다.
- 눈동자가 반짝이며 눈동자의 색이 강하게 보인다.
- 얼굴의 그림자 지는 부분이 적어진다.
- 주름살이 강하게 보이지 않는다.
- 피부색이 고르게 윤기나 보인다.
- 피부의 땀구멍이 크게 보이지 않는다.
- 얼굴의 붉은빛이 적게 보인다.
- 얼굴이 부드럽게 보인다.
- 얼굴이 홀쭉해 보이지 않는다.
- 얼굴이 깨끗하다.

1단계

· 개인의 외적 image 및 특성, 첫인상, 머리카락 질감 등 분석

· 피부색, 눈동자색, 머리카락색, 두피색, 손목안쪽색 분석

먼저 퍼스널 칼라를 찾는데 있어 기본이 되는 요소를 진단하는 단계로서 피부색, 눈동자색, 머리카락색, 두피색, 손목안쪽색 분석하여 칼라차트로 태어날 때부터 자신이 가지고 있는 칼라를 진단해 본다.

머리카락색의 체크포인트

염색을 즐기는 분도 많이 있을 것으로 생각되지만 기본적으로 태어날 때부터 가지고 있던 본인의 머리카락색을 기준으로 한다. 염색을 하고 있는 경우, 머리카락이 난 언저리 등을 살펴보면서 본인의 머리카락을 관찰해 본다. 본인의 색을 파악하기 어려울 경우에는 눈썹의 색을 참고하면 된다.

흰머리는 크림 계열의 흰머리와 실버 계열의 흰머리가 있으니, 어느 쪽의 흰머리인지도 체크해본다.

눈동자색의 체크포인트

색의 특징과 밝기를 체크합니다. 언뜻 보면 검은색으로 보이지만, 잘 살펴보면 블랙, 다크라이트 브라운 모스 그린 등이 있다. 눈동자의 흰 부분과 검은 부분의 대조감은 눈주변의 인상과 크게 관련이 있다. 그리고 흰 부분의 색도 본다. 흰 부분의 눈동자가 노랑기가 푸른기를 띄고 있는 경우도 있다.

컬러렌즈를 착용하고 있는 분도 있지만 머리카락 색과 동일하게 선척적으로 가지고 있던 색을 기준으로 한다.

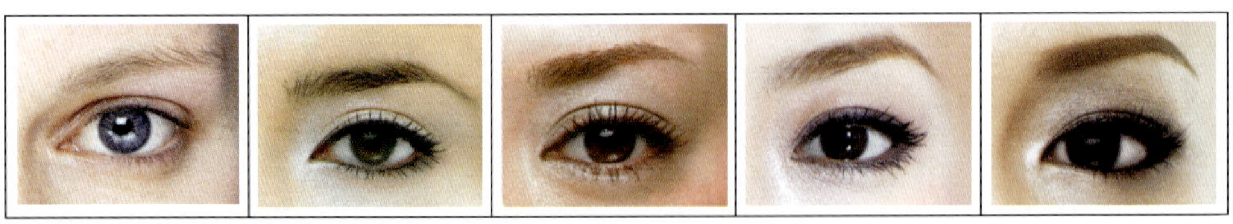

2단계

· yellow base과 blue base 중 선택 색, 손목안쪽색 분석

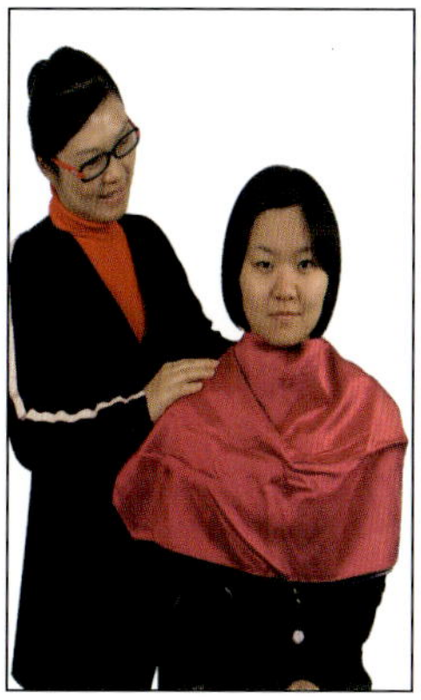

피부색이 따뜻한 색(yellow base)인지 찬 색(cool base)인지 먼저 알아보는 단계로서 warm tone와 cool tone을 비교분석하여 진단한다.

베이스 컬러를 사용하여 여러가지 색을 가슴 주변에 대어보면서 드레이핑을 한다. 옐로우 베이스의 컬러 그룹과 블루베이스의 컬러 그룹 드레이프를 서로 가슴에 대어 보면서 비교하고, 피부에 나타나는 색의 차이를 관찰한다.

피부색이 천에 따라서 달라보일 것이다. 어떻게 보이는 것이 좋을까? 얼굴색이 어떻게 달라 보이는지 확인하고, 옐로우베이스 칼라와 블루베이스 칼라 중 하나를 선택한다.

- 여성의 경우 어울리는 색을 입었을 때는 투명감이 생기고, '깨끗하다 · 윤기있다' 로 얼굴이 좋아보이고 조화를 이룬다. 반면에 어룰리지 않는 색을 입었을때는 칙칙하다. 피부트러블이 눈에 띈다. 나이들어 보인다.

- 남성의 경우는 어울리는 색을 입었을 경우에 '혈색이 좋다. 청결해 보인다. 건강미 있게 보인다.' 로 보여지고 어울리지 않는 색을 입었을 때는 '건강해 보이지 않다. 지저분해 보인다. 창백해보인다.' 라고 한다.

Warm base

Cool base

3 단계

· yellow base과 blue base 중 한가지 결정 후 soft, hard tone의 비교

따뜻한 색과 차가운 색인지 분석을 통해서 알게되면 soft, hard tone의 비교하여 tone을 결정한다. 명도가 밝은 색과 명도가 어두운 색을 구분하여 대어본다. 명도가 밝은 색은 봄과 여름이고, 명도가 어두운 색 톤이면 가을, 겨울이다. 아래와 같이 계절에 맞는 색상을 둘렀을 때 얼굴의 반응을 분석해서 봄, 여름, 가을, 겨울을 결정한다.

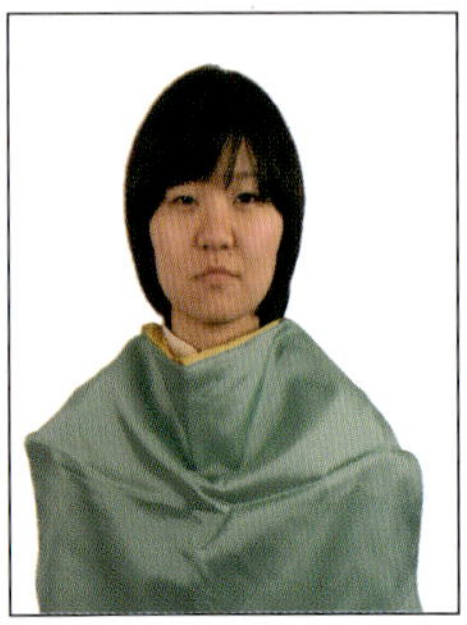

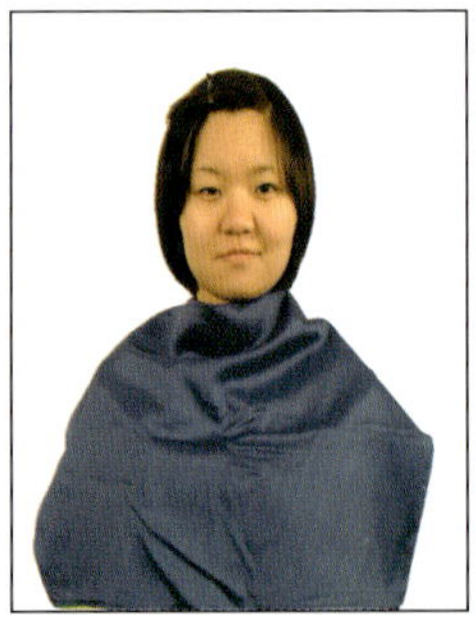

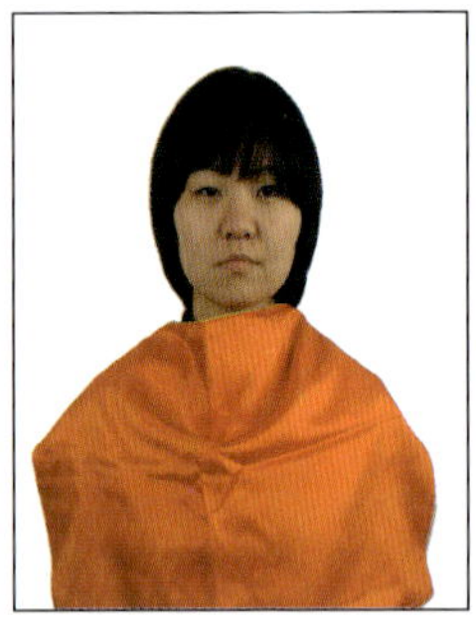

4 단계

· 4계절 중 최종 퍼스널칼라 타입 판정
· bast color
· worst color

4계절 중 하나를 선택하여 베스트 칼라와 어울리지 않는 칼라를 알려준다. 그 중 가장 베스트 칼라 군에 대한 설명을 한다. 계절별 색상의 특징으로 봄의 기본색은 노란색, 따뜻함을 느낄 수 있는 계절의 칼라, 선명하고 강한 색상들이며 연한 빛의 칼라들은 많이 쓰이지 않는다.

여름의 기본색은 파스텔 톤의 파란색, 얼음을 연상시키는 차가운 칼라로 부드럽게 흐린 칼라지만 선명하지 않다. 가을은 전형적인 노란빛의 땅빛색으로 색을 흡수하는 무게감이 있다. 봄처럼 선명하거나 뚜렷하지 않으며 명도차이가 나지 않는다. 겨울은 반사되는 느낌의 파란색이 기본색으로 일반적으로 깨끗하고 강하게 진한 원색들이다.

5 단계

· 진단결과에 따른 메이크업 헤어 패션스타일 이미지 등 제시

진단결과에 따른 메이크업 헤어 패션스타일 이미지에 대한 연출 제시

봄, 여름, 가을, 겨울 진단 후 각각 계절에 어울리는 칼라에 따라 어울리는 칼라를 제시하며 메이크업 칼라를 선정해서 시연해주고, 얼굴형에 따라 헤어스타일 연출을 조언하고 안경스타일을 조언해주고 패션스타일을 조언해준다.

Check

육안측정법

첫째, 손바닥이나 끝부분의 붉은 색소를 보면 차가운 피부는 핑크빛의 붉은색이고 따뜻한 피부는 노랑이 가미된 피치빛 색으로 구분한다.

둘째, 뒷머리 밑의 두피색과 손목안쪽을 보면 희고 푸른빛을 지니거나 노르스름한 아이보리빛을 지니는 가에 따라 따뜻한 톤과 차가운톤이 구분된다.

셋째, 피부색, 머리카락색, 눈동자색 등을 사계절 신체색상에 따라 분류한다.

3) 칼라 코디네이션 메이크업과 헤어 컬러

(1) 봄

밝고 투명한 느낌이 있는 색으로 젊어 보이게 너무 강한 라인이나 어두운 색은 피한다. 아름다운 색을 살짝 얹은 듯한 느낌으로 표현한다.

Hair color style : 가벼운 느낌의 브라운이 좋다. 피부의 밝기를 맞춘다.

Eye make-up style : 아이보리, 베이지의 베이스에 브라이트 톤색으로 포인트를 준다.

Cheek make-up style : 피치계열, 오렌지 계열로 건강한 느낌을 살린다.

Lip make-up style : 글로스는 물기를 머금은 듯한 느낌으로 생기있고 귀여운 느낌을 준다.

(2) 여름

소프트한 색으로 엘레강스하고 핑크계열의 화장도 너무 강조하면 안된다.
브라운을 선택할 시 코코아 파우더의 이미지를 살린다.

Hair color style : 레드계열의 브라운이나 애쉬 브라운 계열의 컬러가 좋다.

Eye make-up style : 블루계열로 산뜻하게, 핑크계열로 화려하게, 퍼플계열로 엘레강스하게 연출

Cheek make-up style : 볼은 붉은 기를 그대로 포인트로 하거나 로즈계열로 베이지를 더한다.

Lip make-up style : 펄은 광택감으로 페미닌함을 살리고, 라멜이나 립그로스를 한다.

(3) 가을

차분한 색으로 쉬크하게 너무 밝은 색이나 선명한 색은 피한다.
발랐을 때 피부에 스며드는 듯한 색을 선택한다.
Hair color style : 차분한 다크 브라운이 좋다.
Eye make-up style : 입자가 고운 라메의 질감도 효과적이다.
Cheek make-up style : 브라운 계열의 컬러로 자연스러운 혈색을 띄게 한다.
Lip make-up style : 붉은 골드칼라로 성숙한 느낌을 준다.

(4) 겨울

Hair color style : 와인계열의 다크컬러를 추천 노랑계열의 브라운은 안된다.

Eye make-up style : 엷은 아이새도우에 아이라인만해도 괜찮다.

Cheek make-up style : 붉은 기운을 가미하여 자연스러운 혈색을 더한다.

Lip make-up style : 와인계열과 레드칼라로 적당량 발라 윤기를 준다.

부 록

미국에서 출판된 퍼스널 컬러에 관련된 서적 리스트

출판년	제 목	역 자	출판사
1976	Everyone is Someone in Color	Jean Wood Mumford	Publishers Press
1978	Color Me a Season	Bernide Kentner	Color me season inc.
1980	The Essence of You	Suzanne Cagil	Celestrial Aets Publishing Company
1981	Color Me Beautiful	Christine Turner Christine Turner	Acropolis Books LTD
1981	New Image For Women	Gerrie Pincknev, Marge Swenson	Acropolis Books LTD
1985	Always in Style With Color Me Beautiful	Doris Pooser	Acropolis Books LTD
1985	Beyond the Color	Renae Knapp, Dee Dorr	Rainy Day Publishing
1986	Always in style With Body Line, Proportion, and Color	Doris Pooser	Acropolis Books LTD
1987	Color for Men	Carole Jackson, Kalia Lulow	Ballantine Books
1989	Always in Style	Doris Pooser	Crisp Publications Inc.
1991	LOOK 10YEARS YOUNGER, FEEL 10YEARS BETTER	Dr.James Scala, Barbara Jacques	PIATKUS
1994	THE CONPLETE COLOR, STYLE & IMAGE BOOK	Barbara Jacques	Haeper Colline
1995	COLOR ME BEAUTIFULS, LOOKING YOUR BEST	Mary Spillane, Christine Sherlock	Madison Books
1997	Successful Style	Doris Pooser	Crisp Pub
1999	Women of Color	Darlene Mathis, Carole Jackson	CAPITAL BOOKS

SPRING

SUMMER

AUTUMN

WINTER

참고문헌

<국내문헌>

권영걸, 도서출판 국제.

김민경(2005), 김민경의 실용색채활용, 예림출판사.

김지혜(2008), Guide for COLORIST, 도서출판 국제.

랑크로, 랑크로의 색채 디자인, 도서출판 국제.

루돌프 아른하임, 미술과시지각, 미진사.

모턴 워커, 파워 오브 컬러, 교보문고.

문은배, 색채의 이해, 도서출판 국제.

문지혜(2002), 색채의 활용, 도서출판 국제.

박화순(2000), 대학생퍼스널칼라 유형분류와 그에 따른 의복색의 이미지 평가, 경북대학교 대학원 박사논문 2000.

배만실, 디자인과 색채, 이화여대 출판부.

신향선(2003), 칼라이미지메이킹, 국제.

윤혜림(2006), 기사 · 산업기사를 위한 컬러리스트 배색이론, 도서출판 국제.

이상욱(1989), 동아원색세계대백과사전, 동아출판사.

이영애, 뷰티 디자인 색채학, 청구문화사.

정숙희 · 신희심, Hair Coloring, 청구문화사

칼라진단, 그래픽사, pp. 40~61.

한국미용학회(2003), 미용학사전, 신광출판사, pp. 971.

한명숙, 디자인 색채 실기, 청구문화사.

I.R.I 색채연구소(2003), Color combination, YongJinpop.

Jim krause, 김영인 옮김, Color Index, 도서출판 국제.

CCI색채연구소(2007), 컬리리스트 기사 · 산업기사 실기시험 대비 3속성과 조색, 국제.

CCI색채연구소(2007), 컬리리스트 산업기사 실기시험 대비 감성배색, 국제.

<국외문헌>

금정미생(今井彌生, 1991), 색채과학사전, 일본색채학회 p. 205.

도교상공회의소(2005), 도교상공회의소 컬러코디네이터 검정시험 3급 교과서.

일본 전국복식교육연합회, 컬러 코디네이터 프랜닝 대응 교과서 2급편.

Caole Jackson(1990), Color Me Beautiful, Ballantine Books.

Coloring Guide, 日本塗料工業界.

Caral Mason Mathis & Helen Villa Connor(1994), The Triumph of Individual Style, Timeless Editions, pp.113~153.

Distinguish Colors, 川和夫, (株), 百日草.

Donna Fuji(1995) · 염경숙 역, 패션코디네이터와 이미지 칼라진단, 그래픽사.

Donna Fuji(1995), 염경숙 역, 패션코디네이터와 이미지.

JoAnne Nicholson(1986), Judy Sewis−Crum, Jacqueline Thompson, Color Wonderful, Bantam Books.

色彩心理入門, 近江源太, 日本色, 事業株式 社.

色彩, 大井, 日本色, 事業株式 社.

配色入門, 川崎 秀昭, 日本色, 事業株式 社.

パ?ソナルカラ の 科書, 長坂 / 神山, 新紀元社.

찾아보기

INDEX

뷰티색채학

- Beauty Color Theory -

2009년 3월 20일 초판발행
2013년 3월 10일 초판2쇄발행
2018년 8월 20일 초판3쇄발행

지은이 / 송서현 · 권태순 · 배호주
펴낸이 / 이상태
펴낸곳 / 청구문화사
주 소 / (03706) 서울특별시 서대문구 성산로11길 15
전 화 / 02) 332-0541(代) 팩 스 / 02) 337-9577
등 록 / 1990년 11월 2일 제9-247호

가격 30,000원

ISBN 978-89-5616-526-4 93590